生命 SHE MING 教·育·丛·书 JIAOYU CONGSHU

人最宝贵的是生命，生命只有一次。

成长的烦恼

生命是灿烂的，是美丽的；生命也是脆弱的，是短暂的。让我们懂得生命，珍爱生命，让我们在生命中的每一天，都更加充实，更加精彩！

SXGP
三新课改

本书编写组

王利群 王 潇 由春来 赵 超◎编著

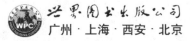

世界图书出版公司
广州·上海·西安·北京

图书在版编目（CIP）数据

成长的烦恼／《成长的烦恼》编写组编著．—广州
：广东世界图书出版公司，2009.12（2021.11重印）
（无处不在的科学丛书）
ISBN 978－7－5100－1448－2

Ⅰ．①成… Ⅱ．①成… Ⅲ．①人生哲学－青少年读物
Ⅳ．①B821－49

中国版本图书馆 CIP 数据核字（2009）第 216994 号

书　　　名	成长的烦恼	
	CHENG ZHANG DE FAN NAO	
编　　　者	《成长的烦恼》编写组	
责任编辑	韩海霞	
装帧设计	三棵树设计工作组	
责任技编	刘上锦　余坤泽	
出版发行	世界图书出版有限公司　世界图书出版广东有限公司	
地　　　址	广州市海珠区新港西路大江冲 25 号	
邮　　　编	510300	
电　　　话	020-84451969　84453623	
网　　　址	http://www.gdst.com.cn	
邮　　　箱	wpc_gdst@163.com	
经　　　销	新华书店	
印　　　刷	三河市人民印务有限公司	
开　　　本	787mm×1092mm　1/16	
印　　　张	13	
字　　　数	160 千字	
版　　　次	2009 年 12 月第 1 版　2021 年 11 月第 7 次印刷	
国际书号	ISBN　978-7-5100-1448-2	
定　　　价	38.80 元	

"光辉书房新知文库"

总策划/总主编:石　恢

副总主编:王利群　方　圆

本书作者

王利群　王　潇　由春来　赵　超

序：让生命更加精彩

在中国进入经济高速发展，物质财富日渐丰富的同时，新的一代年轻人逐渐走向社会，他们中的许多人在升学、就业、情感、人际关系等方面遭遇的困惑，正在成为这个时代的普遍性问题。

有媒体报道，近30%的中学生在走进校门的那一刻，感到心情郁闷、紧张、厌烦、焦虑，甚至恐惧。卫生部在"世界预防自杀日"公布的一项调查数据显示，自杀在中国人死亡原因中居第5位，15～35岁年龄段的青壮年中，自杀列死因首位。由于学校对生命教育的长期缺失，家庭对死亡教育的回避，以及社会上一些流行观念的误导，使年轻一代孩子们生命意识相对淡薄。尽快让孩子们在人格上获得健全发展，养成尊重生命、爱护生命、敬畏生命的意识，已成为全社会急需解决的事情。

生命教育，顾名思义就是有关生命的教育，其目的是通过对中小学生进行生命的孕育、生命的发展等知识的教授，让他们对生命有一定的认识，对自己和他人的生命抱珍惜和尊重的态度，并在受教育的过程中，培养对社会及他人的爱心，在人格上获得全面发展。

生命意识的教育，首先是珍惜生命教育。人最宝贵的是生命，生命对于我们每个人来说，都只有一次。在生命的成长过程中，我们都要经历许许多多的人生第一次，只有我们充分体验生命的丰富与可贵，深刻地认识到生命到底意味着什么。

生命教育还要解决生存的意义问题。因为人不同于动物，不只是活着，人还要追求人生的价值和意义。它不仅包括自我的幸福、自我的追求、自我人生价值的实现，还表现在对社会、对人类的关怀和贡献。没有任何信仰而只信金钱，法律和道德将因此而受到冲击。生命信仰的重建是中小学生生命教育至关重要的一环。这既是生命存在的前提，也是生命教育的最高追求。

生命教育在最高层次上，就是要教人超越自我，达到与自身、与他人、与社会、与自然的和谐境界。我们不仅要热爱、珍惜自己的生命，对他人的生命、对自然环境和其他生命的尊重和保护也同样重要。世界因多样生命的存在而变得如此生动和精彩，每个生命都有其存在的意义与价值，各种生命息息相关，需要互相尊重，互相关爱。

生命是值得我们欣赏、赞美、骄傲和享受的，但生命发展中并不总是充满阳光和雨露，这其中也有风霜和坎坷。我们要勇敢面对生命的挫折和苦难，绝不能在困苦与挫折面前低头，更不能抛弃生命。

生命是灿烂的是美丽的，生命也是脆弱的是短暂的。让我们懂得生命，珍爱生命，使我们能在生命中的每一天，都更加充实，更加精彩！

本丛书编委会

前　　言

许多年以后，再让我们来回忆人生旅程中最美好珍贵的一段，我们或许会想起，那些还被人称做"孩子"的成长时光。

"孩子"，是这本书会经常提到的一个词。这本书是为成长中的孩子而写的，更确切地说，是为正在转变、即将"长成"的青春期的孩子们而写的。孩子们年少的时候，总是盼望自己能够快快长大，而当栀子花开，我们年轻的身心经历成长的洗礼，各种烦恼也接踵而来。青春期心理、身体的变化；学习、考试的压力；失败、挫折的焦虑；早恋、失恋的苦恼；与父母的代沟、周遭人际关系的冲突；自我内心的探索；与社会的第一次接触……这一切，都使我们感到了从未有过的不安、烦躁、无奈和落寞。这是个体生长发育的鼎盛时期，也是我们人格完善发展的重要时期。我们既希望跟别人探讨、交流，却又不愿意完全敞开心扉；既令自己深感矛盾，也让父母、老师觉得担忧；我们向往绚丽灿烂的成长，却也在留恋孩子的年少简单；我们怀着一颗忐忑的心迎来送往……我们"譬如朝露，去日苦多"的青春，原来都伴随着这许多剪不断理还乱的烦恼。

这是一本真实、特别的书。它来自于当代孩子们亲历的真实故事，以及由此而引起的心理体验和感受。言为心声，从这里我们可以读到这一代孩子成长的烦恼、困惑、渴望与需求。

这是一本真诚、实用的书。在这本书里，心理专家从关注孩子心灵最为重要的学习、人格发展、人际关系、情绪情感、自我、社会化等方面入手，采用对话和点评相结合的方式，剖析难解的心灵困惑，启发和帮助孩子们去正确理解成长的烦恼，勇敢去面对成长的问题，独立去克服成长的困难，同时学到成长需要的"本领"，增长人生的智慧。

　　"孩子"和"成长"，其实都是相对宽泛的概念，有时我们甚至把童心未泯的大人也亲切地唤做孩子，把我们人生路上的诸多收获，也并入自我的成长中。因此，我们希望不论你是不满 18 岁的孩子，抑或一直拥有或寻找童心的大人，或是想借此获得帮助的父母和老师，当你捧起这本书的时候，都能够看到和听见自己，那个雨季的思绪，那时花开的心情，进而获得成长的力量。

编　者

CONTENTS
目 录

第一章

成长
与蜕变

大自然物象万千，风有风声、雨有雨音、人有人言、鸟有鸟语……造就了一个混响而富有活力的世界。然而，在我的心灵里却流淌着一种奇特的声音，这种声音比任何声音的形式都多样，比任何声音的韵律都动听，也比任何声音的内涵都丰富，那就是生命成长的声音。

我们每一个人都在成长中不断变化，也在变化中不知不觉地成长。尤其是告别了孩提时代，走进青春期的少年朋友们，对你们而言，这是人一生发展中的特殊时期，又被人们称为"危机期"、"困难期"。这段时期的主要特点就是身心发展不平衡，生理和心理上都会产生巨大的变化，成人感和半成熟现状之间的矛盾会非常强烈。那么我们应该如何通过这些变化来使自己成长起来，从而让自己更加成熟，更加适应这个社会呢？就让我们一起感悟同学们心里的声音吧……

告 别

马上就要离别了，马上就看不到同学们那一张张幼稚可爱的笑脸。想到这里，你的心里有无限酸楚。小学的六年时光匆匆逝去，如行云流水般那样急促。童年也跟随着小学时光匆匆地去了，没有一点音讯。童年走得那样匆忙，那样着急，没有人能挡住它前进的脚步。童年慢慢地从我的视线里走得越来越远。

离别，不但失去朋友，更重要的是失去童年。毕业，意味着我们告别童年迎接少年。可是不知怎么了，失去童年的我忽然想大哭一场，也许哭声可能是在跟童年道别吧。

小时候童年拉着我的小手，当时觉得童年是多么可爱多么活泼啊！跟它在一起可真快乐！可是快乐的时光总是短暂的，这么快我就要告别童年了，心里肯定有一些不舍和留恋。

我仿佛在童年与少年之间徘徊，童年不再属于我，它又有了新的主宰。现在我好想拉着它的手，再去快乐地玩耍一次。可惜时光老人不给这个机会，只能让童年融入我的脑海。

记忆里，所有发生的事都在童年的时候发生，有时想起来还很好笑。这证明了童年的我很可爱也很幼稚。告别童年，我没有了小时候那种疯玩的劲头。我总喜欢自己默默地看书，看那些字里行间有着淡淡忧伤的文章，直到泪流满面。

就让童年美好的记忆化成一缕缕春风，吹进我那干涸的心扉，也让童年发生的趣事遗留在时间的永恒中。

风儿吹乱了头发，童年离我远去，把自己最美好的记忆送给童年当作告别的礼物。仰望天空，天好蓝啊……

丁晓敏

晓敏：

我们在开始之前，总是先要告别的，是不是？

从你的文字中，看出你是一个懂得珍惜的孩子。你对同学有很多不舍，不愿跟小学时光说再见，但是，我们总是要长大的，任何人都不得不面对这个现实。总有一天我们要告别熟悉的小学、熟悉的环境、熟悉的朋友，去开始新的生活，寻找属于自己的天空，在这个过程中，我们就真正的长大了。

相信自己，那些童年的往事不会消失，它会成为美好的回忆永远存在。既然不肯回首，那么就努力向前吧。

梦开始的地方

在梦里寻找，

在梦里等待，

在梦里成长。

梦，就如亲切安静的十字路，

给我指明应去的方向……

梦醒后，我已在梦中长大。

1999 年，我从乡下考进了城里的一所重点中学。从此，我开始了新的生活……

成长的烦恼

梦的开始

家，是个温暖的庇护所，尤其每次外出回家，都显得格外温馨。然而，外面的世界往往才是真正的诱惑。

明天，我就将离开家，踏上新的旅途，一切都显得那么新鲜而充满希望。在离开的前一晚上，我久久不能入眠，想着城里丰富的生活，想着城里的学校的样子，想着城里的月亮肯定比乡下的圆又亮，又想到自己将如一只放飞的小鸟，可以过着自由的生活，便无比兴奋激动。

我轻轻地告诉自己：这不是一次带巧克力和矿泉水的旅游，也不是一次野外的夏令营，而是一次短期的迁移，从此我将卸下以往的幼稚、胆小，背上行囊，勇敢地踏上梦的征途。

站在梦开始的地方——我自己无比神往的尽头。

梦中过渡

经过一段陌生却很繁荣的地方，我来到了梦开始的地方，站在校门前，眼前的路变宽了，并且路是大理石铺成的。

踏进校园，眼前的校园又大又漂亮，高楼挡住了我的视线。不久，便出现了一张张陌生的面孔，虽然有的脸上神采飞扬，但也许由于未曾相识吧，觉得彼此之间隔着一股气流，无法接近，于是眼神也就失去锋利，人也黯淡了。

刚入学的我，是不出色的。由于学习不佳，落后一大截，我焦急得不知如何是好；看着别人才华出众，原本有能力的我，也因害怕而逃避。

就这样，不时的力不从心，不时的自卑、害怕，使我如此迷茫，不知何去何从。但实践说明了一切。没有放弃梦的我，经过不断努力，终于走出了迷茫的禁区。用梦这把神奇的雕刻刀，刻出了少女脸上的红晕，刻出了生活许多美好的画面。

梦，给了我方向。我开始主动微笑，主动迎接，人也变得不再黯淡……

梦时点滴

刚进高一，沿着校园的过道来来往往。

在一个滴水成冰的冬天，校广播传来了"水管冻裂"的消息，所以将一天无水供应。对于刚进入新学校的学生（包括我），听惯了自来水"哗哗"声的学生，用惯了热水暖瓶的学生来说，这种事情是很悲惨的。

用着别人用过的水洗碗，手冻冰不提，心里也免不了恶心；带着空空的热水瓶，冷冰冰的不提，心也寒了。

此时我的心情是灰色的，也有股酸酸的滋味，而又无可奈何。当时为水，男生们敲起碗筷进行抗议，学校便很生气地评价：现在的孩子就是受不了苦，缺少艰苦奋斗的精神。

到下半年的一天，夕阳坠入地平线，西天燃烧着鲜红的霞光，天气太闷热，校园里一片热闹。

"好热啊！""鬼天气……""我要回家……"一连串的抱怨声飞出了宿舍，似乎每个人都那么烦躁。离家近的几个同学热得逃回了家，离家远的同学只得乖乖呆在校园里。当时那种想家的欲望因天热而显得更加强烈，但又无可奈何?！真的很痛苦！

我们几个留下了，不管怎样，生活总是要过下去的。我不会选择放弃。

后来，我们想出了个好办法，用湿湿的拖把拖地，使地凉凉的，然后铺上凉席。当做完这些工作后，虽汗流浃背，但睡在凉凉的席上慢慢进入了梦乡，却也那么的美！

连以往最没耐心的男生们也没有被热打倒，虽然他们没有女生那么细心，但不再瞎折腾地敲锣打鼓，而是去舒舒服服地吹着凉风，在走廊里睡了一晚。

进入梦中的学生，在梦中渐渐长大，因为我们这些学生从来都没有放弃对梦的追求。

梦醒时分

第二天，天亮了。睡梦中的我渐渐苏醒，心情无比舒畅，开始了新的一天的学习，又开始为自己的梦而努力。

梦虽然虚幻缥缈，但它不是绝对不能实现的，只要我们不断努力、拼搏，永不言放弃，即使失败了，也有新的收获，那就是在追梦中我们已经长大了。

现在高二的我已不再是刚来的我，因为我不知不觉地在梦中不断长大了，在梦中长大的我离自己神往的地方已经越来越近了。

吕燕

吕燕：

成长中的我们，谁不曾有过属于自己的梦呢？在梦开始的地方，我们离家、启程；在中转的路口，我们迷茫、困惑；天气变化，我们来不及躲避太阳或一场雨，烦躁、狼狈，希望一切都快些过去；而梦醒的时候，回忆起若即若离的点滴，又感到那么幸福和快意，幻想着再次出发，去领略海的风尘……

亲爱的燕子，我欣慰地感受到你在梦中的成长，同时也觉察出你的困惑。刚刚进入高中的你，可能会面临许多不适应：因为成绩不理想而焦急、逃避；新的环境和集体生活又来得如此突然，让人一下子难以习惯。"冻裂的水管"、"空空的水瓶"、"闷热的宿舍"等许多现实困难你都是第一次面对，那种委屈、抱怨是任何一个孩子都会经历的。我们每个人成长的过程，就是一个不断适应新环境、迎接新变化的过程。积极把自己融入新环境中，并结合新环境的特点来调整自己的行为习惯，最终你会觉察到自己的变化。这不，随着时间的推移，你已经慢慢学会了积极主动地面对困境，逐步走出黯淡的时光。怎么样，睡在凉凉的席上进入梦想，是不是别有一番美妙？梦中苏醒的你，不是已经长大了么？

想家的感觉

刚接到高中的录取通知书时，我心中不知有多高兴。想象着那所高中的样子，想象着她有多美，想象着她有多豪气。不知为何最喜欢暑假的我，却盼望着早些开学。

8 月 30 日，报名的那一天，我早早地就起床了，想早点到学校，目睹一下重点中学的风采。乘了一个小时的车，终于抵达了我向往已久的这所中学。呵！果然不同凡响。学校大得使我分不清楚东南西北。此时，我恰好遇到了几个军训时结交的好友。大家一起东走走，西窜窜，甭提有多高兴了。

时间一天天过去了，学习负担一天天加重了，我也逐渐开始讨厌起这个学校来。一到晚上，我这个寄宿生便产生了必有的感觉——想家。夜深人静的时候，我会不知不觉地想起在家中的点点滴滴。想起与父母相处时的欢乐，想起与兄弟姐妹们在一起嬉戏的场景，想起爷爷奶奶对我无微不至的关怀……如今，我一个人远离家乡，心中不禁产生了一种孤独无助的感觉。

时间飞快地过着，而我却认为它很慢。在学校，我每天都在倒计时：离周末还有多少天？还有多少节课？多少小时？多少分钟？甚至多少秒？终于盼来了周末，可时间却又为何过得这么快呢？似箭一般，两天就过去了。

每当回到学校开始一周的学习时，我心中总有一种恐惧感。我开始埋怨社会，埋怨学校，埋怨家庭，为什么要让我上学。这样一周周地过去了，我的成绩也一点点地落下去了。

当我接到要开家长会的通知书时，看着自己可怜巴巴的成绩单，真是难以启齿。星期五的那天晚上，我失眠了，不是因为明天可以回家了。我听着音乐想把烦恼忘却，可眼泪却不听话地流了下来。室友们听到了我的呜咽，纷纷过来安慰我。有的说："没关系的，我也考得不好，只要以后努力就行了。"有的说："你已经很刻苦了，你父母会体谅你的。"……他们一个个地说着，虽然说的不是娓娓动听，可我却感觉到了一股暖流涌上了心头。我从来都不知道室友会对我那么关心，平时总是对她们不理不睬的，现在想想真的很后悔。

原来跟室友们的关系处理恰当，真的很好。起码高兴时可以与其同乐，伤心时有人倾听诉说，甚至，跟室友整天说说笑笑的，一点也不想家了。

婷婷

心理贴吧
xin li tie ba

婷婷：

你其实已经发现：想家的感觉是可以变化的，是不是？

最幸福的事情，莫过于有个温暖的家了吧！从小和父母一起生活的我们，身边的一切都被体贴入微地呵护，大小事情都有细致周到的安排。家是我们遮风挡雨的港湾，兄弟姐妹的嬉戏、无忧无虑的快乐，一切都很温馨很舒适，舒适到有时候真希望永远长不大。

而当有一天，我们渐渐长出自己的羽翼，开始面对外面的世界的时候，成长才真正开始。我们离开家，离开父母，到学校寄宿，过集体生活时，这里有新的环境、新的朋友、也有新的麻烦和困难。过惯了依赖父母生活的我们难免会很想家。这是正常的分离情感现象，会有一个月到三个月的过渡期，之后就会逐渐转变。

如果要尽快走过这个阶段，除了积极行动起来，培养自己的自理能力之外，可以多参加一些活动，寻找到感兴趣的事物，尝试多交朋友、了解每一位同学的性格，你会发现，也有和你一样想家的同学，与他们一起沟通、交流，你也许会觉得没有那么孤独。

看，现在的你已经比以前好多了。让我们相信成绩的下滑只是暂时的，最重要的是我们在慢慢长大，一切都会好起来，不是吗？

我来自农村

时光飞逝，不久前的农村小毛孩，如今已成为了一个身高八尺的男儿，逐渐从无知走向有知，心理的压力、负担也加重了。不知不觉中一个天真活泼的小男孩，转变成了一个沉默寡言的内向人物。如今，很多人都说我性格内向，不善言谈，邻里甚至说我像个女孩子。我听后，也会禁不住笑起来。你也许想问我为啥会如此，我也无法用言语来表达。这里我只想用手中的这支笔来袒露一下我的心声，让你了解我，也让我能被别人了解。

童年、少年时代的我，也许由于年少无知，整天沉浸于欢笑之中，过着无忧无虑的生活。但自升入初中以后，由于学习、家庭、同学和社会等原因，压力渐渐地吞噬了我纯真朴挚的心灵。我变得忧郁、寡言。

令人感触最深的一段时光，便是进入高中至今，也许还有以后的这段日子。初中升学考试考砸了，父母忍痛割爱地将一叠一叠百元大钞摸出来，一张张地挪到那尚未干的油漆桌面上。因此，家庭的经济负担成了我最大的压力。父母虽然手里并不富裕，但仍对我说："不要顾及家里的情况，你放心好了，我们一定会供你学习的，你只要好好学习，我们辛苦一点也是值得的。"尽管父母这样说，但我深知家庭经济的困难，我毕竟是一个18岁的大男孩，十分注意平时尽量少花钱。但当我看到别人腰里夹着SONY、OPPO时，心里油然升起一种羡慕感，自己真的也想享受一下这高档次的音乐。几次，我都想开口对父母说，但我刚想张嘴，便又把话咽了下去。父母似乎看出了我的心思，便问我学英语是否需要买MP3。听到这话，我脸上马上露出了笑容，但我并没有爽快地说："是，是的。"却微笑着说："是，是需要的，但暂时不买也可以。过了这学期再买吧！"于是，这事也就这样过去了。

在人际关系的处理中，我也有一些忧虑，因为旁边有些人实在是难"伺候"，但与其决裂吧，又显得我这人气量小。于是，我便尽量克制自己少发脾气，不与他人闹矛盾，做到顺应他人。因为，有句俗话说："小不忍则乱大谋。"所以，还是这样忍着吧！

沈秋锋

心理贴吧 xin li tie ba

秋锋：

从你的文字中看得出，你是一个很体贴、很懂事的孩子。我们总是说：挫折让一个人更快地成长。中考的失误让你体谅到父母的良苦用心，更感到自己身上的担子，变得更成熟、更稳重了。这些都不是坏事，关键是我们如何看待它。

生活难免会存在一些差距。我们周围的同学有的来自农村，有的来自城市；有的家庭经济比较宽裕，而有的家庭则不是很好。这些都是再正常不过的事情。承认和接受这样的现实，并按照自己的方式生活，朝着自己设定的目标努力，一样可以取得成功。总是为自己使父母背负沉重的经济负担而感到愧疚，难以将精力放到学习上来，又如何取得新的成长呢？

一方面，我们可以在生活中学会节俭，尽量不乱花钱，不去追求目前对我们而言比较奢侈的东西。另一方面，我们要认识到，父母肯花钱让我们上学，是希望我们将来能出人头地，有所作为。为此，我们应该努力学习，把这些困难化作自己的学习动力，把心里的包袱放下。

许多事情，坦然面对，才能走得更远，不是吗？

变化与适应

上初中时，由于学校离家很近，我便早出晚归。早晨，总是妈妈帮我准备好早饭，洗衣服更是想都没想过的事情，吃的菜也总是要每天换花样。我整天无忧无虑，过着饭来张口、衣来伸手的生活。

但是，自从我进入高中以后，情况就大不一样了。我整天呆在学校里，与世隔绝，不能看精彩的电视，不能听流行音乐，还要洗那换下的衣服。

我第一次洗衣服时，不知该怎样下手，是先放水呢，还是先放洗衣粉？好不容易把衣服浸好了，又不知该怎样搓洗。于是，我就抓着衣服不停地揉，但没揉几下就把衣服漂清了，拿出来一看，衣服不是洗干净了，而是越洗越脏了。到现在，洗衣服还是我生活中的一件大难事。不过我还是得慢慢地适应啊！总不能把衣服拿回去洗吧！这样也太丢面子了。

说到吃饭，那就更不用提了。平日在家里吃饭总是挑三拣四的，遇到不好吃的菜恨不得不吃，每天都要换菜，要吃新上市的蔬菜。而到了学校，情况就发生了极大的变化。食堂里每天都是那几样菜，根本就没得选择。记忆最深的是有一次，那一道卤鸭我连吃了一个星期，早上吃鸭肉面，中午吃卤鸭，晚上又吃卤鸭和红烧鸭，吃得我整个人快成了一只鸭了。现在，我一看到鸭就恶心。

高中生活同初中生活差异确实很大，我一时间还摸不着头脑，不知如何是好。但我不会退缩，我会慢慢地去适应它！能适应变化的人，才是一个成功的人。

无忌

心理贴吧
xin li tie ba

无忌：

我猜想你是一个活泼好动、大大咧咧的男孩子，从你的描述中，高中的生活可真是又琐碎又心烦：吃的饭没有家里的香，菜没有家里的可口；衣服脏了得自己动手洗，又费力又费神……有点无从开始，是不是？

很多人都会有和你一样的感觉，我们真的很苦恼！原本憧憬希望着的集体生活，远没有想象中那么有趣，要做许多繁冗琐碎的事情。可静下心来想一想，这些事情是不是原本就已经存在，只是因为之前父母每天都帮我们打理好了，我们才感觉不到呢？

想到这里，你也会感受到父母的辛苦和疼爱吧！

我们每个人终究有一天会离开父母，开始自己独立的生活，我们需要学会很多事情，一切都得依靠自己的双手来创造。既然如此，我们何不从现在开始培养自己的自理能力呢？你说得对，适应变化的人，才是一个成功的人，或者说，适应变化的人，才能更好更快地成长起来。这里，我们首先要认识到环境的变化，学校生活要求我们学会自理；其次要了解变化发生在哪些方面，然后主动接受这些变化，积极调整自己的行为习惯，学会自己照顾自己，将精力集中在我们应该做的事情——学习上。

让我们一起加油！

游入大海的小鱼

当我迈进高中校门的第一天，当我经历过第一次考试失败，当我受到上高中以来第一次批评时，我开始怀疑自己了：我还是从前的我吗？我依然那么优秀吗？我困惑……

我是在一片赞美声中成长起来的。无论是我的父母，还是老师或周围的同学，他们都以我为骄傲，把我作为榜样。那时的我，总是以"骄傲使人落后"这句话来告诫自己。在那些日子里，我顺风顺水，赢得了一个优秀学生所能赢得的一切：优异的成绩，三好学生，优秀班干部，家长的喜爱，老师的表扬，同学的羡慕。

于是，那时的我，在脑海中有意无意地给自己作了一个判断：我是一名优秀的学生。

这种良好的状态一直伴我度过了小学六年、初中三年。然后，我便满怀信心地踏入了高中的校门，一切似乎都显得那么顺利……

但是，经过一段时间后，我开始发现，高中生活竟然如此不同，特别是学习上，更是没有以前那般顺利了。每次考试成绩，总是在班级的前五名徘徊，不再是以前班级的第一了……终于，在一次期中考试中，我的成绩有了更大的滑坡，竟退到了班级的第十五名！

我那原本自信的心开始动摇了，我开始反复地问自己：我还是那么优秀吗？尽管如今，我仍然是班干部，也还能得到班主任的些许表扬，但这只是工作上的，没有半点是学习上的。而且，那种受表扬的感觉再也不像记忆中那样舒心了。现在的感觉是有点儿"虚"，好像转瞬即逝的那一种。

由于成绩的滑坡，问题就接二连三地向我袭来：老师的冷淡，家长的叹息，同学有意无意的"嘲讽"。

我是一个很善于"观察"的人，平时很注意别人的言行举止，特别是当我考砸了之后，我更是害怕同学会瞧不起我。于是，我便千方百计地想要知道别人在想些什么……

我知道这样做的结果，我知道应该抛开一切杂念，我更知道学习是要踏踏实实、一步一个脚印的。但我太想考好了，有时我甚至满脑子都是"考试"、"分数"、"成绩"、"名次"之类的字眼，自己心中压抑极了。

我开始对自己缺乏信心，有时甚至想到了放弃……我不知道自己究竟还能不能学好，考试还能不能考一个高分……

于是，我又开始问一个已经问了自己无数遍却始终答不上来的问题：我还是从前的我吗？我还是那么优秀吗？

我依旧困惑……

景磊

景磊：

你的困惑，使我想起中学时期的我自己：转学至一所重点高中，面对周围强手如林的环境，感到自己不再优秀，一度有过放弃的想法。后来，我意识到自己的问题，逐步调整自己的心态，从困境中走了出来。

从"白天鹅"变成"丑小鸭"，这种落差的确令人难以接受。也许是曾经的我们非常优秀，平时在自己的脑海中，理想的自我形象完美而高大，使我们不知不觉习惯了笼罩在身上的"光环"。然而，我们不可能永远生活在自己的小圈子里，总有一天要面临一个更大的环境去摔打锻炼。随着环境的变迁，大多数人都将面临自我地位的改变，原来的尖子学生很可能不再是尖子，原先出众的特长也可能相对平庸，这些都是自然现象。小鱼只有游入大海中，才能更清楚地找到自己的角色，进而接受风浪的洗礼，让自己更快地成长起来。

所以，你的短暂的困惑，也并不见得是坏事。如果在我们本身已经发生了变化时，能够对变化了的自我有清醒的认识，重新进行自我评价，给自己积极的心理暗示，一切问题都会迎刃而解。要知道，你并没有变"弱"，只是和一群更强大的人在一起，找回自己的自信，成功就在不远处等着你呢。

成长的烦恼

在我们的成长中父母无时无刻不倾注着对我们的关心与爱护。我们的每一次成功，每一次失败之后的振作，总少不了他们的一份功劳。

小时候正所谓"年少无知"，根本不理解父母的苦心，常常喜欢调皮捣蛋，惹父母生气。考试不是这里漏了小数点，就是那里落了单位。父母责怪时，常嬉皮笑脸地说："忘了！"面对父母的谆谆教诲，却当做是一缕青烟，随风而来，随风而去。可没过多久，又旧病复发，父母只好不厌其烦地好说歹说把一些"良药"灌入我的脑中。在他们的

"严加管教"下，坏习惯也远离我而去了，随之而来的是一些更多的成熟，更好的经验。每当我拿回奖状时，他们都会为我高兴，为我感到自豪，并不断地鼓励我，支持我，使我有更大的信心去面对更多的挑战。

岁月似流水，一晃，我已从一个"小不点"长成一位高中生了。在小学和初中一向受到老师称赞、受到同学羡慕的我进入了一个正所谓高手如云的学校。在这里，我已失去了"第一"这个头衔，我开始觉得有些被冷落的感觉。随着一次次成绩的下降，我更觉得迷茫，本来心中美好的憧憬顿时变得模模糊糊。我曾经想通过剪掉我心爱的长发来勉励自己，可是我发现这样也无济于事。父母对我的关心和呵护却成了一种无形的压力，使我喘不过气来。虽然我深知"山外有山，人外有人"的说法，虽然我懂得"失败是成功之母"的道理，虽然我知道父母的用心良苦，可我仍然不能将那颗虚荣之心扔掉，我仍不能将父母的关心与呵护化为自己前进的动力。面对着我自己所面对的，我真的很彷徨、很迷茫。我该怎么办呢？为什么人长大了反而会有更多的烦恼呢？我真的不知道，我真的很想知道。

蒋玲

心理贴吧
xin li tie ba

蒋玲：

在我们身边，其实有很多同学和你一样，小学、初中时是班级中的佼佼者，常常受到老师的称赞和同学们的羡慕，但是进入高中之后，在一个全新的环境里，渐渐失去了头顶上的这些光环。为此，我们常常苦恼不已，真希望能回到以前那灿烂的日子。为什么会这样呢？

我想，每一个能上高中的孩子，都是通过自己的坚持和努力，经过了重重考试和竞争争取到的。正所谓"山外有山，楼外有楼"，走到一起的同学各有各的特点，各有各的长处和短处，好的同学中有更好的同学，同学们之间也充满了激烈的竞争。那么，如果我们面临新的环境、新的对手的时候，还抱着小学、初中那些"第一"、"优秀"的光环来学习和生活，很有可能把自己推向失落的深渊。长期这样下去，我们可能会怀疑自己的能力，动摇自己的信心，招致更多的烦恼。所以，我觉得面对内心的落差，最好的办法是首先扔掉身上的"光环"；仔细分析一下高中学习与生活的特征，比较一下高中的学习与小学、初中的学习之间的差异，学习方法上的不同。在此基础上，对自己的强项和弱项进行分析，分析自己的学习特点和已有的学习方法是否适合高中学习。

学习是一个漫长的过程，认清并给自己找准位置：我在同学中究竟处于哪个水平，然后根据实际情况制定出理想和学习目标，你就离成功不远了。

◎情绪"变电站"

7月5日　"我真烦恼"

我听说过一句名言：没有烦恼的人不算长大。也许是如此，我六年级时还不知何为"烦恼"、"忧愁"。面对那些失败的成绩，我仅是一时的难过罢了。"失败乃成功之母"，在哪儿摔倒，就在哪儿爬起来……反正，是自我安慰与自我激励法并用，如此一来，放下了心理包袱，平稳了心境，自然也就提高了成绩。

掐指一算，离开小学不到四个月，那些本不存在的"消极情绪"马上一涌而来。原因很简单，到了新的班级，自然有学习比我好的同学。几次当堂验收的成绩虽是全班第一，但在年级里并不算最好，令我有点大失所望。猛然间发现"失败乃成功之母"不灵了，我的成绩并没有比过去上升，我有点急了，也许是少年成长时急躁的心理。不知为何，第二天的课堂验收汉语拼音，我心慌意乱，圆珠笔又不出油了，抓起钢笔一阵乱涂，手心渗出了汗珠，错字百出……很简单的练习，却错了五个。我……唉！

难过是免不了的，可我静坐了一会儿，被同学安慰了一通，竟然什么事也没有了！我本以为我会大哭一场的！

我真的着急了，"原谅自己是堕落的开始。"我怎能如此轻易地原谅自己啊！我不要落后。人往高处走，水往低处流，我才初一，不能这样掉队。我的目标不是也要做个全班第一吗？我不要倒数第一呀！

走出了考试的阴影，随之而来的烦恼也不少。幸运的是我还不是死钻牛角尖的人，我的秘诀在于吸取他人经验，并转移到自己身上实践。其实掌握一点也就行了：我并不比那些"冠军"笨。有了信心，有了经验和能力，成功——只是机会的问题了。现在我可以以平静的心态从容面对考试了。

经历了一场考试"风波"，我的心却平静了许多。几次失败让我能够更有信心地面对考验。在生活中，在学习中，在人生漫漫的成长中，不正有许多次考验等着你吗？我不为自己的失败感到懊悔，相反，它使我明白：我也许不是最优秀的，但我会努力，成为最优秀的；提前经历了学习上的挫折又怎样？这挫折早晚会有的，我为自己提前经历它而感到庆幸，它让我的心灵更早地平静下来；有了烦恼又怎样？也许我们都不希望自己有烦恼，但人的一生是不可能一帆风顺的，定会出现不少烦恼的事情。一旦产生烦恼与苦闷，它们也许就会伴你一生。

放平自己的心情，也许漫漫人生路会好走许多。那烦恼和苦闷，只不过是自己在成长的路上迈进一步所付出的代价罢了。

8月8日 "我真快乐"

我，一个开朗的女孩，总觉得身边的事情都像明媚的阳光一样；快乐、喜悦都是我的贴身伙伴。没有什么事情能让我愁眉不展，相反，发生在我身边的事都是快乐的。就拿发生在一个月前的几件事来说吧。

那是一个月前的一天，我的心情像灿烂的阳光一样美好。就在这时，我收到了本校共青团校的通知书：我要上团校了。这无疑是一件发生在同龄人中最幸运的事了。我高兴得都不知如何是好了，就像百花一样绽放；像百灵鸟在枝头上，欢快地歌唱优美的乐章；像小鹿在草地上，轻盈地跳着优美的舞蹈；像小姑娘倚在窗户上，露出甜甜的微笑……

这种喜悦的情绪，一直持续了很长很长时间。好久，我都兴奋得不能自已。

后来，又一个喜讯传来了：期中考试，我的成绩在年级里排第四。这无疑又是一件全年级同学向往的目标之一。我的心情一下子又达到了一个高潮。这事使我在所有老师心中的地位上升了许多。我为自己生活中的巨大变化而兴奋着。心情就像翻卷着的海浪一样，起伏不平；思想像关不住闸门的激流，汹涌地奔腾起来；内心深处有一股按捺不住的兴奋和喜悦。虽然，我看不见自己，但我能想象到我的脸上洋溢着兴奋的光芒，像那山坡上绽开的山丹丹花一样红。

朋友们，用不着再举例了。你可以了解到这样一点：快乐，在每个人身边；它，在等着你找到它，找到它，你就拥有了快乐。虽然，人的一生有许多不顺心的事，但快乐还是占大多数。有一位同学这样写道："上学的这段日子，就像关在无形的监牢。"可你没有从中获益吗？有。学习也有快乐，当你取得好成绩时……

不要把快乐放走，做一个乐观向上的少年吧！

让快乐永在你我身边。

罗葳

心理贴吧
xin li tie ba

罗葳：

"烦恼"与"快乐"应该是你前后间隔一个月里所写的两篇文章，正好让我们从中动态地看到了互为对照的两种情绪。一月前的烦恼和苦闷是如此沉重与灰暗；一月后的快乐又是如此绚烂与飞扬。两种感受是如此真切、强烈，真佩服你的文笔。

你现在正上初一，可能有 12 或 13 岁。在人的成长中，这一阶段，我们的情绪就像一座"变电站"，因为尚处于不成熟向成熟的过渡之中。我们常常从一种情绪转为另一种情绪，表面显得情绪强度很大，但其体验尚不够深刻，一种情绪常被另一种情绪所取代。因此，我们需要向心理辅导员或老师请教一些调节情绪的方法，来帮助我们脱离不好的想法和固执的偏见，让自己变得成熟起来。

一些常见的心理防御方法或许对你有帮助，如转移、否认、文饰、投射、补偿、抵消、隔离、幽默、升华等。具体的方法，老师会告诉你的。

走在雨中

阴霾的天空，空空荡荡的街道，晦涩的石街里只有一个灰色的我，默默地彷徨在寂寞的雨巷。

总爱站在春残花落后，看那风冷雨凄；总爱走在枯枝败叶中，品尝一种失落的遗弃；总爱凝望迷茫的天空，苦思冥想四处寻觅；总爱用莫名的烦恼侵蚀那年轻又脆弱的心。

——也许，是因为走在雨季。

于是，便经常在一个雨天，喜欢一个人呆呆地阅读雨滴在玻璃窗上写下的湿漉漉的文字，默默地开始守护起一个也许是刚刚诞生的秘密，体味一种涩涩的不是滋味的滋味。

似乎有许多事情一下子到你的面前，来不及分辨，来不及捕捉，一切又都悄然而逝。

十八岁，一切都无可挽回地改变。

只记得小时那个丑小鸭般的我，没有玩伴，形单影只，因为厌恶束缚小孩天性的纪律而不讨老师喜欢。只有痴痴地做梦中的小公主，拥有数不尽的洋娃娃和金碧辉煌的宫殿。

只记得十四岁的我蒙受不白之冤，只因我家穷就被认定是我偷了那位胖女孩丢的 100 元钱。带着一副骄傲的面具，我在人前潇洒地挥挥手，转过身把一心的泪水哭成河，看着浩浩荡荡杳然而逝的河水认真地告诉自己："会哭会笑一生才无怨无悔。"

只记得十六岁的我就是年轻，梦中的男孩从雨季中走出，有着忧郁的双眸和浓浓的眉。我撑着伞走到他的身边："一起走吧，我的伞很大。"从此知道了用自己的温柔体贴来关心别人。

十七岁，我喜欢的就是自寻烦恼。

总想将昨日的失败不再提起，却又害怕连同过去的教训也忘记；总想荡起青春的旋律，却又很快被忧虑所代替。

很少有人可以理解，为什么一个人有时明明知道自己做了某件事后会后悔终生，可仍然固执地走向悲剧？我就这样做了，仅仅因为我很自卑，我要以失去自己最不能失去的来证明我还行，我能战胜一切。

我不能容忍自己的软弱，而消除软弱的唯一办法只能是学会残忍。我会以自己都不能相信的冷酷，作出某种抉择，品味到一种渴望已久的悲壮。

我没有办法，我只能这样，我接受了命运之神的安排，我相信我还会大笑的，因为我哭过；我还会大喜的，因为我有过大悲，仅此而已。

尽管如此，我也不认为自己这十七年中有过挫折，我更愿意把这些遭遇看成是一种能极大丰富和延长我人生的经历。十七岁不是忘却，我还会幸福地哭泣着，为一切都不会过去的记忆。

十七岁不是缠绵，我更会忧伤地微笑着，为一切都会到来的明天。

告别遥远的幼稚，又告别昨日灿烂的花季，我只希望，走出雨季的天空依旧明丽。

梦雨

 心理贴吧
xin li tie ba

梦雨：

雨季对于我们来说，是探索的季节，也是思考的季节。思绪如雨，时强时弱，时断时续。因为我们大多数时候生活在校园环境里，对实在的社会缺少接触、缺乏了解，所以，许多思考多集中我们自己身上。

再次，我想对你说，雨巷固然朦胧和美妙，但要真正的长大，就要向社会敞开心扉。更多地接受自然界的阳光，让自己变得宽广起来。当我们长得茁壮而坚强的时候，不管狂风暴雨，或光明，或黑暗，心中就会永远有明媚的春天。

第二章

"该死的"学习

成长的烦恼中，最大的烦恼莫过于"学习"。学习是青少年生活的主旋律，也是我们如何走好人生第一个转折点的关键。它不仅使我们的青春时光更加充实，也为我们提供了思考和创造的契机，更使我们在收获知识中与社会和历史有所接触，升华对自己的认识……

我们为什么要学习，如何面对学习，又应该怎样学习？这些问题还真的需要思考。通过分享一些同学关于学习生活的经历，我们可以尝试体会他们的心情，听听专家从心理学角度建议的一些经验和方法。或许有一天，当我们再次打开书包，学习的乐趣立即溢满整个房间，泛舟学海的欢愉、成为"天才"的喜悦……那才是真正的快乐呢。

我好累

早上，伴随着闹钟"懒虫起床，懒虫起床"的叫声磨磨蹭蹭爬起来，洗脸、梳头、刷牙等等，几乎占了半个钟头，然后又不紧不慢地吃过早饭，这个早上总之一个字——慢。

上午四节课的课间，总有我的身影在教室内穿梭，"请问这个……"唉！我总有问不完的问题。其实这些在别人眼里是不堪一提的，可我还是必须要弄明白，为什么？因为我智商低，纳而好学，不耻下问嘛！是吧？——勤。

中午，吃完饭饭碗一推，就去养精蓄锐——睡觉。此时的我两耳不闻天下事——太平。直到一点钟便"天下大乱"。你瞧！翻箱倒柜地又找书又找笔，好不容易觅到支钢笔，一写，没水啦！"咦！我语文书放哪儿了？记得昨天我还背古文呢！……哦，在这里呀！"边说边从枕头底下找出来。"我英语书又飞哪儿去了？"我抱怨着自己平时太懒，没有整理好房间，这个并不宽敞的小屋，到处是书本、笔、草稿纸、鞋、衣服，总之很像垃圾堆。真不易，齐了。刚要走出家门，好像忘带什么了，什么呢？我一时还想不起来，到了半路脑子里猛地想起眼镜，又不得不返回。这个中午——乱，因懒而乱。

下午，上完两节课，便是匆匆赶作业的时候。别人早已在课间和午休时间完成了，可我必须在自习课上使劲写着、算着。原因有二：第一，第四节课必须交齐作业；第二，晚上有更重要的任务在等待我。没办法——忙。

接着，晚上便是复习、预习、做辅导题，白天还不够，晚上更要加班加点——累。

我就是这样的一个初三女孩。

单宝英

宝英：

看了你的文字，真为你的"充实"的一天捏一把汗呢。想必紧张到"残酷"的初三生活，会给以后的你带来很深刻的印象吧？慢、勤、乱、忙、累……这种情况下的你居然能够把自己的状态描述得如此准确，真可以去当评论家了。在心理学中，著名的精神分析学家弗洛伊德曾经用"本我"来形容人的本能冲动，它依据快乐原则追求享乐，表现为懒散、拖沓；用"超我"来形容人的自制力，它依据社会道德原则行事，监督、控制着"本我"的懒散与冲动，使自我做出自己该做但不想做的事情；而"自我"是现实中的我，它真实、客观、实实在在，是"本我"和"超我"的调和剂。一天平淡而忙碌的生活中，这三种"我"的状态通过你的描述表现得淋漓尽致。每一次忙碌、勤奋，都表现出"超我"的神圣，而每一次的磨磨蹭蹭、杂乱无序都是"本我"的放纵，真实的"自我"则在偷懒，在叹息——我好累！

想对你说的是，人与动物最根本的区别在于人有自制力。因此，我们既然如此清晰地明确自己的状态，就不要一味放纵自己（"本我"），尽我们的努力（"超我"），你会走向成功。

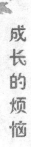

人间最苦是学生

  很多人都认为学习好就有出息。我一直在思考，学习好指的是什么？难道只有高考科目的成绩好才能说是学习好吗？如果学习不好，我该怎么办？学习不好的学生也不是极少数，他们该怎么办？我绝不是说学习不重要，但不能机械地认为学习是唯一的出路，学习好将来可能有出息，学习不好也不是死路一条。社会上需要各种各样的人才，如果人人都出色，谁来干脏活累活？庆幸的是世界上还有智商这个词，把人分开来，高智商干高智商的事，低智商干低智商的活。但又怎么知道智商高还是低呢？我们可知道牛顿小时候被老师说过是笨小孩？

  人啊人，要数学生最苦了。整天没日没夜地学习，手指写断了，眼睛看瞎了，成绩也不一定会有很大提高。学习本是传播文明的方式，如今却成了束缚文明的枷锁。我不是说学习一无是处，只是学习本不应如此之累。我想应该有一种这样的学习模式：从小学开始，把那些成绩好、有希望成为科学家的挑选出来，进行专业训练；而想当律师的在义务教育之后就去攻读律师学校……如此等等。因为当医生时不必了解 $y = ax$ 的反函数是什么，律师也不会问什么是中和反应。

  但我们的学习任务太重了，学习已成了五行山，学习已成了雷峰塔，压得我们喘不过气来，学生已成了学习的牺牲品。可怜，可悲！

雨石

心理贴吧

雨石：

　　我想你写下这些文字时，心情一定很糟糕。你正在为灯下做不完的试卷发愁吗？还是为成绩老是上不去而困扰？

　　你文中流露出一些抱怨和消极的想法。我不能说它们对与不对，至少它代表了你现在真实的情绪，同时也引发了我的思考：世界上找不到两片完全相同的树叶，地球上也找不出两个完全一模一样的人。在生活中，每个人都有自己的兴趣，每个人都有自己的特长，而这种兴趣和特长表现出来的时间也有早有晚。你自己不是也说：牛顿小时候还被老师认为是笨孩子吗？其实何止是牛顿，爱因斯坦、波尔、拉瓦锡等好多大科学家，在上学的时候是默默无闻的。不同于别人的是，他们在成长的过程中慢慢找到了自己的领域，倾尽全力持之以恒，终于取得了令人瞩目的成就。

　　每个人都有权利根据自己的兴趣和特长设定自己的生活目标。有了目标，我们就有了生活的指南针，有了目标我们就有了学习的方向盘，有了目标我们便会更加主动地去审视自己、了解自己、调整自己。在追求目标的过程中，学习便成了我们的需要，我们也就学会了学习。也许我们以后可能会找到更适合的目标，而希望改变目标。这没有关系，学会了学习，我们便有了实现目标的保证。

　　把你的想法和困扰告诉父母和老师吧，或许他们能够给你一些意见和建议，让我们能够更加科学地、有计划地学习，找到其中的快乐！

都是奥数惹的祸

烦恼如同万里晴空中飘过墨色的乌云，风平浪静的海面突然变得汹涌澎湃。在学习生活中，在人生的旅途上，在美好的世界里，我们的心情也随着烦恼起伏奔腾……

我真的不知道，中学与小学上辈子结了什么仇，中学偏偏用一张张奥数的卷子把我们这些可怜的小学生拒之门外，所以我们必须用超群的智慧搞定那些卷子，才能跨进期望已久的中学的大门。真所谓"冤冤相报何时了"。这下，可苦了我们这些小学生。家长们常常在交补课费时发表一句感慨："真不知道奥数学习何时是个头呀！"

每一次在上奥数之前我那个愁呀，有时连一个很简单的词也想不通。一次我就是打死也想不通什么是"美好的生活"。但每当上完奥数课，我的心情就沉重到极点，头昏脑涨。我们奥数老师说，其实适合学奥数的学生只有5%。我不知道我属不属于这5%的学生之一。不过，有一点可以肯定——上一节奥数课我的脑细胞会死伤大半。

反正，现在奥数班已经是泛滥了。它已经无情地闯进业余时间里我们的话语中。下课，我们扎堆讨论奥数，"喂，请大家注意了，听听这道题：'甲乙两个粮食仓库，甲仓库存粮是乙仓库的70%，如果……'怎么算？"再看看那堆怎么说："谁买 2010 年小考必备了？麻烦借一下。"

放假之后，我们的话就格外多。还是关于奥数的，比如："我天天写奥数到11:00呢。"还有"我妈一定得了'小升初综合征'，同一本真卷我已经做了 n 遍了！"顺便我们还讨论"真卷、题库的 x 种算法"，大家你一言我一语，足够编一本书了，而且绝对受欢迎。

假如我要做一道超难的奥数题，绝对是抓耳挠腮，上蹿下跳；看看这儿，瞧瞧那儿，却不知从哪里"插刀而入"。离远看还怪像只猴子的呢。

原来我们玩的时间如今必须要写奥数，原来活泼天真的我们如今脑子务必要超负荷，原来游戏的快乐只能在题海中寻找……我们现在的命运真是既可怜又可悲，曾经傻乎乎的影子现在无影无踪。奥数惹出的烦恼还真多，多得让人无奈，多得让人讨厌。

不过，我们懂得了在烦恼中吸取乐趣，我们在烦恼中成长，在烦恼中不断改善自己，在烦恼中逐渐懂得深奥的人生哲理，在烦恼中变得更加成熟……

曹文宇

文宇：

看到你的作文真是吃了一惊，没想到作为小学生的你，也有这许多压力和负荷呢。看到你文字中透着灵性的词句，我真是又欣喜又替你鸣不平。如同你们老师所说，适合学奥数的学生，只占所有学生的5%，恭喜你啦，你一定是超级厉害，才能挤进这5%之一的噢。

我想，奥数的难度一定要比你们正常的课程难许多，就像奥运会一样充满挑战。因为奥林匹克本身就意味着超越、挑战极限的意思。那么，它在给我们带来烦恼的同时，是不是也能够让我们对自己更有信心，变得更强呢？你说得真好：懂得从烦恼中吸取乐趣、不断改善自己，让自己更快成长，不正是奥数带给我们的礼物吗？

顺便说一句，脑细胞的死亡并不是坏事噢，人的大脑每天都会有新的细胞生长出来，这样，我们才会越变越聪明。祝你好运！

面对"八国联军"

对高中生活的热情早已在繁重的学习前低下了头，天天面对一道道的题目，便问自己："你适应了吗?"

其实早该适应了。21点关灯的"军令"如山，到时只得在黑暗中摸索，把一本本未做完的作业收在枕边，准备第二天一大早起来做。但八门功课又如何安排呢?

有人说，老师嘛，都是想自己的课被人重视，花的时间越多越好，因此作业一天天多起来。记得上学期有位同学把八位老师比作是"八国联军"，而我们就成了受尽欺压的"中国人民"。但我觉得并不能把每门功课都相提并论。而我常常看到有的人除了上课之外，一连几天不碰历史、政治，而英语书却当作宝贝似的随身带。他们中不乏对英语真的感兴趣的，但大多数是因为英语老师要求背的实在太多了，而不得不拿着英语书满校跑。

这样下去，同学们有时会由于一段时间没有抓住某些科目，后面的课就跟不上了，到考试时想补也补不上了。但是既然是老师布置下来的任务，我就得完成。有时会觉得对不住那些教我们不重视的课的老师。

好难理顺的时间啦，我们该怎样做呢?

陆秋

陆秋：

看到你的文字，觉得你们的负担真的是过重了。造成这种情况可能有两方面的原因：一是老师布置课外的任务太多，留给我们自由支配的时间太少，使得一部分同学失去了安排自己学习的机会。另一个原因则是我们没有学会合理安排已有的时间。

有一句话说的好："凡事预则立，不预则废。"无论做什么事情，在头脑里都要先大致有一个印象，构建一个蓝图，然后脚踏实地地去做，才会取得成功。就制订学习计划来说，最重要的有三点：学习目标、学习内容、时间安排。

每年我们应有个目标，指出我们全年的奋斗方向。每月的目标、每周的目标则较为细致，也较为灵活，可以根据实际情况来调整。

有了目标之后，我们要确定各学科所占时间的比例。例如，如果英语较弱，则可以比其他学科多一份或半份时间；这个月物理的内容很难，则应加大学习物理的时间。但在强调部分科目的时候决不能偏废其他科目。

时间的安排则把学习目标和学习内容落实到每一天。我们要考虑到科目之间如何搭配学习，以减少疲劳。每天的精神状态的变化，也要考虑到，记忆力好的时间，用来背书；精力旺盛的时间，用来突破难点。

把握自己的时间，才能在学习的路上游刃有余，击溃"八国联军"。

◦空想家

我发现自己是一个"空想家"。每个学期开始的时候，我都会为这个学期安排好目标，然后安排好任务，立下一番雄心壮志。可到了学习的时候却发现，目标越来越不清楚，任务更是拖拖拉拉，不但自己的任务完不成，老师布置的作业都成问题。

每个星期五我便开始放松对自己的要求。星期六寄宿生可以回家，再多的作业也可以回家再做，还有两天的时间呢。心里想的好，可一回家便什么也干不了了，要么沉迷于电脑，要么和爸爸妈妈说话，要么玩玩，即使静下心来，做作业的速度也慢得要命。就这样到了星期天，该做的没有做好，只得星期天晚自习伤心地去做了。每次都是这样，每次都发誓下次要做好，可每次还是这样。

正如同学们说的，我是言语上的巨人，行动上的矮子。

朱家倩

心理贴吧
xin li tie ba

家倩：

同你一样，我在上学的时候，总感觉自己是思想上的"巨人"，行动上的"矮子"，无法把精力集中到一件事情上，结果计划得很多很美好，却总是实现不了。现在想来，如果当初能坚持一件爱好，弄不好现在也会练得很好了呢。

同你一样，很多高中生在新学期开始的时候，已经开始计划自己的学习和生活了。但在执行的时候总是觉得，日子一长，想到的很难做到。不但高中生如此，大学生中也不少见。

从心理学上来说，人的记忆也是有规律可循的，计划放在我们的脑子里，慢慢肯定会淡忘。如果把它记下来，写成小纸条放在床头，每天提醒自己，我相信就不容易淡忘了。过了一段时间，我们就可以把它牢牢记在脑子里，习惯成自然，转化为自己的自觉行动。

另外，你可以找个学习上的伙伴，一起制订学习计划，互相比较、互相监督。相信这样一来，学习的劲头会更大，效率会更高，也不会想去偷懒了。

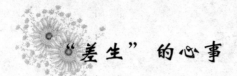

"差生"的心事

自从踏进高中，我就挑起了一副不轻的担子，担子的一头是父母和老师的希望，另一头是我对自己的要求。有人说：一个人做任何事情都需要有压力。是的，我有压力，但在压力下，成绩却一天比一天差，我的信心也一点一点地被消磨了。久而久之，无论在别人眼里还是在自己眼里，我都被贴上了一个无形的标签——差生。

我作为一个差生，也曾有过辉煌。每每想到辉煌，爱幻想的我只觉爬得很高，可是突然坠下万丈深渊，我被摔得四分五裂，面目全非。

当成绩发下后，那些优等生看到满意的成绩后露出了灿烂的微笑，而我却只有羡慕的份儿。不过，上帝也赐予我笑，面对无奈的成绩，我的笑至多是苦笑。

我喜欢唱歌，可我不敢大声唱，还得东张西望，嗨！谁叫我是差生呢？不然，我也能跟他们一样放声高歌，唱自己想唱的歌，唱出自己的感想。

生活中，我几乎没有表现自我的机会，因为我是一个平凡得不能再平凡的人。我深深地痛恨自己，恨自己不如别人。我伤心过，可我又告诫自己不要悲观，更不能放弃，要勇敢地面对现实。有时我会"阿Q"一次：现实无法改变，但愿下次考好。"好一个但愿"，但无论如何它毕竟只是一个幻想。

在幽静的黑夜里，我独坐床前，探出窗外，看见一颗暗淡的星星，仰天呐喊：这是为什么？天啊，这不公平！

颖心

颖心：

学习动机的维持需要成功的体验，而学习动机的削弱则是由于过多的失败体验。体验了太多的失败，我们会失去学习的信心，失去学习的乐趣。挫折在生活中不可避免，关键是我们如何看待挫折，如何对待挫折。在挫折之后，仍不能反省，结果只能是站在原地等待下一个挫折。

挫折并不意味着完全的失败，我们要善于在挫折中发现自己的优点，只有知道自己的优点和缺点，我们才知道后面的路如何走。

我们要看看目标是否合理，是不是太高了，是不是应该分成两步或三步。可以比较一下自己的学习方法和别人的有什么不同，是不是可以借鉴一下。

每一次挫折都是我们再次走向成功的一次机会，千万不要泄气，千万不要停步不前，成功就在前面等着我们。

焦虑！考前综合征

奔波在学校和家庭之间，时间似乎过得特别快，一个学期又接近尾声了，一场大战迫在眉睫。同学们都在紧张奋战，希望在本学期的最后一次考试中考出好成绩。可我的心情却很烦躁。

我的成绩一直不好不坏，每次考试我都很担心。想到父母，辛辛苦苦地工作，挣钱供我读书，如果考不好，我不知道如何去面对他们，去面对他们期待的目光；想到老师，每天辛苦地教导我们学习，如果考不好，我不知道如何对得起他们辛勤的劳动。我想了很多。可想得越多，我越不知道该如何去复习了。面对如此多的课本，我不知道从哪儿开始，好像有很多要看，已经没时间看了。真烦，很想出去玩玩，却又觉得对不住父母。看又看不进，玩又玩不了，真难过！

就这样挨过了两天，我昏昏沉沉地进了考场。

周逸云

心理贴吧

逸云：

每到大考临近时，我们都有一小段自由复习的时间。可这段时间有些人会感到非常烦躁，感到想做很多事情，可又什么都不愿做。平时老师把学习时间都排满了，忽然让我们自己来安排学习，很多同学不适应。再加上对考试的焦虑，会出现情绪紧张，严重的还会出现失眠现象。克服考试前的焦虑最好的办法就是，把时间排满，按部就班地学习，不让自己有胡思乱想的时间。

复习之前我们要有一个完整的复习计划，安排好复习的进度，确定好复习的目标。对复习时能完成的任务要心中有数，抓住重点、难点、弱点，对于细枝末节，如果没时间就要放弃。特别是考前几天的时间，争取每一分钟都安排好。在时间安排上，我们还要注意课程之间的搭配，不要长时间复习一门功课，以免疲劳。当然，安排学习也必须安排运动。合理的运动有利于恢复精力，提高睡眠质量。

慌乱！考中恼人病

急急忙忙收好资料，交上去。

数学试卷发下来了，我告诉自己：镇静，要镇静。开始感觉很简单。可是就是不放心，一道题要验证好几遍才肯继续做下去。

看一看表，不得了：半小时已过去了，选择题还没有做完。而剩下的，通读一遍觉得都很难。于是就开始做填空题。三道填空题做完了，还做了两道解答题。可是又在一道几何题上卡住了。

头脑开始发热发涨，心跳加速，就像被塞了棉花。

做下面的题。可做着做着，想起了那道几何题，又回去再看看。心想，是漏了条件，还是不会做呢？

想着想着，心里就又闷起来了，烦起来了。

看最后一道题很简单，但计算很烦，一直担心会算错。于是算第二步后，又去重算第一步，越算越不对劲，烦死了，于是停下笔来。

看看表只剩下半小时了，于是赶紧去做几何题。还是不会做。再看表，还剩 25 分钟了。还是做应用题吧。我一边催促自己一边看表，心里害怕时间到了，结果题读了几遍却没读懂。

心跳开始加速。换题。做几何题。列式，看表，还剩 15 分钟了。

心更慌了，手开始发抖。解不下去了。

再看表，只剩下 5 分钟了。题看懂了，没时间写了，放下笔，发呆！铃……铃响了。

交卷走人。面无血色，手脚冰凉，脑子一片空白。

晓林

心理点评

xin li dian ping

晓林：

看了你的文字，感觉像进了一次考场一样真实。相信很多人也有与你同样的感受。考试过于焦虑，会影响考试水平的正常发挥。那么怎样才能克服考试时的紧张情绪呢？

首先，考前不要给自己太大的压力，要告诉自己："我已经尽力了，我考出的是自己的水平，我可以问心无愧。"

其次，学会用一些方法让大脑得到放松。这里教大家一种放松练习。我们闭上眼睛，心中默念："深吸气，慢慢吸气，要慢，要慢。"然后接着说："吸气，稍快一点。"随着语言暗示，我们调节呼吸，反复做几分钟，紧张就可以化解了。

考试时，我们经常因为时间不够用，又重新紧张起来。为了避免类似的情况发生，我们考前要做好准备，预计每道题大概要用多少时间，大概留多少机动时间。考试时遇到难题或计算复杂的题，先放一边别想，做容易的题，最后集中精力攻克难题。对个别题不放心可以做个记号，等卷子做完后，再来验算。

你可以尝试以上这些小方法，相信下一次考试时，你会考得轻松，考出水平。

这次考砸了

大家知道心灵是美好的，一个人往往因为拥有美好的心灵才出现了人世间的友情、亲情、爱情。但是一颗美好的心灵却承受了考试以后的那种感觉，这件事又发生在我的身上。

成长的烦恼

那是我踏入高中校门后的第一次期中考试。初中一向成绩优秀的我一下子退到了班级的倒数第五名，说出来真是惭愧。我那幼稚的心承受不了这种"落后"的感觉。其中，考砸的是数学和历史。试卷发下来以后，我简直气得想跳楼，数学52分，而最高分为100分，可谓"一天一地"，相差甚远。拿到试卷以后，心里不是滋味，暗暗地想：人家考了满分，而我却不及格。同样的老师教，同样的练习，为什么最后的结果相差这么大，是不是我笨？我最初的感觉就是自己笨，虽说能考进重点高中的智商都不低，但是我却有这样反向的心理。下一个就是历史，这门课的分数真是有史以来的最低分——38分，也是全班的最低分。我怀疑这份试卷是不是我考的？是不是我的？我无法承受和别人相差近一倍的成绩，但是我又不得不面对现实，因为这是无法改变的事实。要"改头换面"，就只能在下一次考试中争取。那一天我用不吃午饭惩罚了自己。

考砸后我心里真是难受，当别人高兴地说着自己的名次的时候，想想自己，眼泪就会不争气地流下来。我无法面对同学、老师和家长，更不敢面对自己。从那以后，我就有一种自卑感，觉得自己无用。

回家以后，我不知道如何对父母说起我的成绩，但是他们知道后并没有骂我。那一晚，我失眠了，我一直在想他们对我说的话，不知不觉中泪水打湿了我的被子，同时我也暗暗下了决心：下不为例。

这就是我心灵触动的一段真实写照，虽然平常，但给了我一些教育和启示，我也因此而改进了自己的学习方法，决心发奋学习，争取进步！

陆惠琴

心理贴吧
xin li tie ba

惠琴：

考试失败大概是我们所遇到的最常见的事了吧！尤其是从初中到高

中，学习的内容增加，难度增大，许多人都很容易出现考试失利的现象，不是吗？

这对于原来初中成绩优秀的学生来说，考试失利往往会给我们带来心理上的挫折感，如果调节不好的话，有可能维持很长一段时间，使我们无法走出失败的阴影。所以，一旦这种情况发生，可以通过改善学习策略，降低目标，或者暂时放弃当时的目标，从别的方面获得成功；同时，也可以采取妥协折中，找理由进行自我安慰等方法来提高自己的心理受挫力。

祝你成功！

高三！高三！

我想飞，可我的翅膀折断了。

高三的我犹如被困于笼子的小鸟，再也唱不出动听悦耳的歌声，再也舞不出一幅幅美丽的图案，再也……

高三的我被各方面的力量紧紧束缚着，拼命压抑心中真正的渴望，带着一种迷茫，一种恐惧，一丝无奈，一丝忧伤，奔波于繁忙的复习中。以前的那种轻松愉快的心情，渐渐离我远去了。

我多想像自由的小鸟一样与风拥抱，与蓝天亲吻，与白云嬉戏。可我，不能，因为我已进入了高三。

我很迷茫，对前途很迷茫。我不知道几个月的努力会换来什么样的结果。也许上天会应了我的愿望，也许会是一场空，只是一场空，只是一场空。

恐惧不时袭上我的心头，以前一次次的失败，也许在我眼里算不了什么，因为我坚信下一次一定能成功。可现在，我害怕失败，每一次失败又会在我疲惫不堪的心上，再划出一道血淋淋的伤口。我深深地感觉到无比的痛。我该怎么办，我又能怎么办，无奈充斥了我的脑海，把我的呼吸紧紧地锁住。泪，禁不住掉下来，落在试卷上，一圈一圈，把那刺眼的分数浸湿，渐渐模糊……

以前那个乐观快乐的我已不复存在，现在的我变得多愁善感，我欲飞的翅膀被折断了，只能无力地扇动，无力地扇动。

也许有人说，条条大路通罗马。可我清楚地知道，黑色六月这个终点站是人生道路上一个极其重要的转折点，如果不能完美地冲过这个终点站，那么我将来的人生道路上将布满更多的荆棘。更重要的是我怎对得起为我操劳一生的父母，他们把一生的希望都寄托在我的身上，可我难道用失败来报答他们吗？我忍心让他们失望吗？不，不能。可我又怎么办呢？

复杂的心绪牢牢盘踞在我的脑海，我不知道能不能挺过黑色的六月。难道我真的飞不起来了吗？

朱春英

心理贴吧
xin li tie ba

春英：

人也许像一根弹簧，压得越深，弹得越高。因此我们总是以为，人不可以没有压力，有了压力才可能成功。但事实上，如果压力一直加下去，总有一天这根弹簧会断的，别说成功，反而会让自己受到伤害。太大的负担会使年轻的心灵太早枯萎。

我们已经是高三的学生了，在生活中，压力来自周围的各个方面，父母的期盼、老师的叮嘱、前途的担忧……有时又是无法避免的，这个时候，我们要学会如何排解压力。

我们可以这样想：其实并不是一次高考就能定终身，一次考砸了，还能考第二次，如果我们真的努力了，就问心无愧。若在忧郁中难以自拔，耽误了学习，就真的对不住父母了。

当然，压力不是说走就走的。学会与人倾诉，在烦恼的时候与好朋友聊聊，与家长交交心，我们会发现一个更广阔的天空。坐井观天，只会使烦恼越来越多。

祝你好运！

复读，心中永远的痛

人生最可嘉的精神是追求卓越，最重要的资本是真才实学，最大的恶习是疏散懒惰，而最大的难事就是战胜脆弱，认识自我。

六月，

黑色的六月，

天崩地裂的六月，

我落榜了。

记得那天，我呆立在分数榜前良久，目光呆滞，脑中一片空白，眼前的世界笼罩在一片死灰色中，仿佛宇宙的末日已经来临。于是，我便开始诅咒，诅咒着上苍，诅咒着世人，诅咒着世间的万事万物，但是，现实毕竟是现实，我真的落榜了，而且是以"种子选手"的身份落榜了。

于是，我不知所以，我茫然无措，就在这不知不觉中走进了一个酒吧，于是，很自然地，我就在那天学会了喝酒。只记得，我一个劲儿地唱，但是"举杯消愁愁更愁"，我越喝越多，一直喝到深夜，可能是因酒吧要关门，一个人走过来拍了拍我的肩膀说："振作起来，从哪儿跌倒的就从哪儿爬起来，把脆弱踩在脚下。"

脆弱，这个以前从未与我有什么关联的词，今天居然形容了我。脆弱，也许我真的太脆弱了，脆弱得像鸡蛋壳一样一敲就碎。

就这样，迷迷糊糊中我在酒吧睡了一夜。第二天，当我使劲地睁开眼的时候，明媚的晨光已经洒满了全身。但是，我生平第一次感到阳光是那么的令人厌恶，它让我第一次感到醒来无路可走，多么悲哀，多么可怕。无聊中我边诅咒这该死的阳光边移出了酒吧。天下虽大，我又能到哪儿呢？于是，精神恍惚的我就在这条不太熟悉的大街上来来回回地游荡了一天。当月上树梢头的时候，我迈着沉重的步子回到了家中。父亲和姐姐都不在。望了一眼双目红肿、满脸憔悴的母亲，我一头扎到了里屋。

我想哭，但欲哭无泪，我的心在滴血；我想喊，但欲喊无声，我的心在咆哮。

第二天，父亲递给我一本《钢铁是怎样炼成的》，并说："坚强些，人的一生不会是一帆风顺的，只要做到问心无愧也就够了。好好读一下这书，会有收获的。"

就这样，带着高考的失意和对生命的失望，在之后的一个多月里，我读了四遍《钢铁是怎样炼成的》。父亲在最后一页这样写道：

"孩子，脆弱是免不了的，没有脆弱又怎能成熟？保尔也曾极其脆弱，但是他在一次次的经历中，战胜了脆弱，完善了自我，赢得了一切。我相信，你也一定能战胜脆弱，重塑自我。"

思索着英雄保尔成熟的种种经历，咀嚼着饱含父母慈爱的殷殷话语，慢慢地，我读懂了保尔，解读了钢铁，领悟了脆弱，理解了人生。

于是，金秋十月，我又回到了熟悉的校园，捧起我那熟悉而又陌生的课本，重新站到人生的起跑线上，卧薪尝胆，蓄势待发。

崔新锋

心理贴吧

新锋：

看到你重新从失败中走出来，找到真实的自己，真替你感到高兴。

在心理学中，目标挫折是指达不到既定目标时所引起的强烈状态。作为"种子选手"落榜，这对学习成绩一贯不错的你来说的确是很大的挫折。但可贵的是，你并没有因此而永久地沉落下去，而是在父亲、亲人的指导下，沿着保尔的足迹，踏过脆弱与痛苦，选择了复读，选择了坚强再战。我相信，你的父母和亲人也一定会为你骄傲，因为你用一次失败，换来了心灵的成长，它将成为你一生的宝贵财富。

相信自己，挫折总会与人生之路结伴；而希望与努力则永远在不倦地歌唱。

一切都会好的

有人把高中生活比作一杯浓浓的咖啡，虽然是苦的，却还洋溢着浓浓的香味。我却并不这样认为。高中生活如吃黄连，苦得难以下口。我讨厌高中生活，不想上高中。

为背诵一篇古文，我几夜不能熟睡，躺在床上还在背。困了，先打个盹，又接着背。总共才八小时的睡眠时间却醒了三四回，真要命！到了第二天的默写，就在大功告成之际，却写错了几个字。这下可惨了，抄五遍课文，还得重默。一本语文书有12篇古文，非得把你背得摇头晃脑，像个孔老夫子。这值得吗？

语文要背古文，历史也不示弱。你敢不看历史书吗？不看书就让你和海狮比。《我与海狮》作文一篇，不得少于500字，要有文采，有意义。甚至有的同学还写了《对于历史，我怎么了》、《吃一鉴，长一智》之类，写死你！

一天八节课下来已是很疲惫，却还得上三小时的晚自习。做完物理还有数学，看完历史还有政治，真让人受不了。总算等到了星期天，原想过个轻松愉快的假日，可还是免不了受监督。电视不能多看，电话不能多打，否则就会受到说教。

总之，我是不赞成读高中，更反对高中的教学方法，但在社会和家庭的压力下，迫于无奈，我只得认命。但我坚信高中的教学方法，将来总会有人来改变的。

俞明伟

心理贴吧
xīn lǐ tiē ba

明伟：

繁重的课业确实让我们有点透不过气，难怪你发出"高中生活如吃黄莲"的感慨。课业负担过重，挤占了大家休息和活动的时间，是不少中小学生厌学的主要原因之一。适当地留给我们一点自由的空间，目前已成为教育部门、学校和老师都在考虑的一个问题。

作为学生，如果我们不想成为学习的牺牲品，最明智的做法就是根据自己的优势和兴趣去设定学习的目标，安排自己的生活。在追求目标的过程中，学习便成了我们的需要，我们也会在一次次的成功中体会到学习的乐趣，从而激发我们更大的学习热情，学习也就不那么累了。

总有一天我们会搬掉雷峰塔，做学习的主人！

第三章

角色
争夺战

　　处于青春期的我们，人格发展日趋完善，对自我的认识表现为过分的关注自己的人格特征。我们会时常把自己想象为"独特的自我"，把周围人视为"假想的观众"，似乎这些假想的观众时刻都在关注着自己这一独特的自我。而在生活中，我们经常面临"角色冲突"，应付扮演着不同的角色，承担着不同的定位，从父母眼里的小孩子，到老师眼里的好学生，到同学眼中的"好兄弟"、"好姐妹"……我们几乎应接不暇，不知道该如何是好。怎样才能形成完善的人格，以一个健康的心态去面对生活呢？

我已经长大

有一句话已经压抑在我的心头好久了，现在我借此机会把这块压得我喘不过气来的"巨石"远远地扔掉。我要大声地说："我已经长大了!"这句话之所以很久没说出来，是因为我怕别人说我愚，说我幼稚。也有几次我想把它写进日记，可紧张的学习不允许我有这些发牢骚的空闲。

我确实已经长大了，快17周岁了。可在爸爸妈妈看来，我是长不大的好乖乖；在爷爷奶奶看来，我更是一点事都不懂的小娃娃。有几次，看见奶奶洗好衣服吃力地把它们晾起来，我情不自禁地帮奶奶晾衣服，可奶奶总是这样说："哎呀，我的小宝贝可真乖，奶奶不用你帮忙的，你去玩你的吧。"看到奶奶这样坚持，我怎忍心不听她的话呢?

再一次看见奶奶吃力的样子，我真想走过去大声说："奶奶，我已经长大了，让我来帮你吧。"

我确实已经长大了!

每次周末从学校回到家中，看到刚工作回来的爸爸妈妈不停顿地为我准备美味佳肴，我真想让他们停下来先休息一会儿，让我自己烧几样小菜来服侍他们。可我知道这是不可能的，他们是不会让我做的。他们总会有说服我的理由，譬如，他们会亲切地说："你刚从学校回家，先休息一下，饭很快就好。"

在那时，我有一种冲动——大声地对爸爸妈妈说："我已经长大了，给我一次机会服侍你们一下吧!"可我还是没有这勇气。

在学校里，本想可以摆脱一下，创造一片自己的天地，可班主任又处处管着我们，处处为我们担心，放不下我们。我总感到有一只无形

"笼子"罩着我，制约着我，管束着我。班主任越为我们的琐碎小事担心，我们越觉得她不信任我们，把我们看成是小孩。

爸爸妈妈、爷爷奶奶及班主任老师，你们有没有听见我正大声地说："我已经长大了！"

白杨

心理贴吧

白杨：

我十分理解你现在的心情，同时也很高兴，因为这意味着你的自我意识和独立意识正在逐步增强，开始拥有自己的角色感了。从成长的角度来说：人一生要经历两次断乳，第一次是3~5岁间的生理断乳——断奶，是母亲用强制手段让孩子学会独立进食；第二次是青少年时期的心理断乳，是青少年试图从心理上摆脱成人的约束，希望独立自主的过程。这种成人感是很正常的。但是我们毕竟还没有完全长大，很多方面还要依赖父母、老师，所以家长、老师又不能完全认同我们的角色感，他们总把我们看成小孩子，总是照顾、干预和制约着我们。很心烦是不是？

平衡这种冲突，需要我们正确地对待和处理这两者之间的关系。的确，随着自己逐渐长大，在对问题的认识上逐渐有了自己的见解和主张，家长和老师会逐渐以尽量平等的方式来对待我们，在一些并非重大的事情上让我们自己来拿主意，让我们多体验和实践；但从我们自己来说，也要看到自己认识问题具有主观、片面和偏激的特点。所以，处在这个时期的我们既要从关心自己，逐步提高自我认识水平、自我调控能力，学会更为全面、客观地分析问题出发，又要正确地对待家长和老师的建议，合理的就虚心接受，自己认为不合理的就多和家长、老师沟通和探讨，这样可以使自己在人生道路上避免一些弯路，走得更顺畅一些。自己有什么想法，不妨勇敢地讲出来，因为我们已不是小孩子。千万不要过分压抑自己，甚至和家长、老师形成尖锐的对立。

壳

> 痛是成长所付出的代价。
>
> ——题记

小时候，妈妈告诉我，蝉的每一次蜕壳都要经历一次痛的历程，而后才能飞得更高，飞得更远。

我把感想告诉妈妈：我不会也不愿成为蝉，因为我的身心无法也不敢去接受那蜕壳的痛楚，就像鱼不愿失去自己的鳞；那不仅仅意味着锥心刺骨的痛，也同样意味着失去方向。

妈妈笑而不语，而我却很庆幸自己能做人，因而不会去承受与经历蜕壳的伤，庆幸上帝的选择是正确的。

可是，我并不了解，原来，作为人也会经历蜕变的痛，甚至是百倍的痛。

小时候，我的愿望是快快长大，长成自己眼中的阿姨们；可一旦走上了由幼稚通向成熟，由小到大的成长道路时，我才体会到原来我眼中的成长也是一段长久的蜕变。

原来小时候的玩伴由于时间的隔阂渐渐疏远了；原来男生与女生之间的无邪的友情逐渐被扭曲了，曾几何时，男女间已被定格为仅有爱情而无友情。

渐渐的，我才明白，我们在成长的同时也要像蝉一样，必须忍痛放弃一部分原属于自己的东西，那些都是成长向我们索取的酬劳。蝉必须放弃原本保护它过冬的壳，而人类则必须放弃那些童趣、童心，而被时代染上一层不该有的忧愁、世故和阴影。

或许现在的忍痛放弃换来的是一生的无忧。选择放弃，其实选择的是一种更好的获得方式。与其在一个牛角尖里空耗生命，不如在其他地方更好地发挥生命的作用。

一个人面对的日子不会是一个，一个人面对的机会不会是一次。有时我们要学会放弃，留下更多的空白，以便让自己做一番补偿。

有人说："只要曾经拥有过，那么回忆就足以维系一生"，或许是这样；可为什么每次在温柔的回忆醒来时，它却会变成一把钢刀，一刀一刀地割开我的心，把我那一点用来掩饰伤痛的刚强割得粉碎，让我再一次体会到了那种伤口被撕碎的痛。

也许，那也就是蝉为什么在每次蜕壳之后都要停留在自己旧壳边上的原因吧！

沈银霞

心理贴吧 xin li tie ba

银霞：

"人总是要成长的"，在成长过程中的确要经历一次次的转变，其中也难免有一些烦恼；但只有更好地成长，我们才能让自己在广阔的天空中独立、自由地翱翔，才能让自己飞得更高、更远。成长的确让我们放弃了很多东西，但生活是什么？难道我们来到这个世界就仅仅是为了像童年那样吃吃喝喝、玩玩乐乐，无忧无虑、平平淡淡吗？若一个人一辈子什么不顺心的事都没有，平平坦坦，你觉得他的生活有意义吗？我觉得生活本身就是一个解决矛盾、解决问题的过程。遇到一个问题，你能顺利地把它解决了，你不仅会体验到其中的乐趣和成就感，同时我们也向前成长了。成长在给我们带来苦恼、让我们失去一些东西的同时，也给我们带来了更多积极的东西，我们可以逐渐独立自主，我们可以更加全面、客观地看待自己和周围的一切，我们不再单单局限在自我的小圈子里，我们的成长，我们的学习、生活不仅仅是关系我们自己，也是在自己所感兴趣的领域里开拓进取，为整个人类的发展和进步作贡献的过程。"改变总比停滞要好"，在成长过程中虽有得有失，但成长总是好的、积极的。

我渴望走出阴影

"你的表哥无论大考还是小考，都是第一，总是得到老师的夸奖，总是……"妈妈看到我的成绩不如表哥的成绩，又开始重复那句永不变更的话了。我想哭，但是已经没有了眼泪，只能默默无声地听完妈妈的唠叨。带着几分沉重、几分自责、几分自卑，拖着疲惫的双腿走进自己的小屋，看着让人烦恼的成绩，我又回到了从前。

我成长在一个大家庭中，父母有很多兄弟姐妹，自然我也就有了很多的表兄表妹。其中有一个表哥，年纪和我差不多，成绩却比我不知要好多少。每年他都是三好学生，成绩总是名列前茅，为父母也争了不少羡慕的眼光。我父母就是其中之一。自从表姨夫被学校授予"文明家长"之后，我父母便把注意力集中到了我的身上。

我深知父母望子成龙的迫切希望，所以，我努力奋斗，发奋读书。每天，我都在积极学习，再也不像以前那样贪玩了。自己躲在屋里读着那永远也读不完的书，写着那永远也写不完的练习题。同窗好友有的羡慕我，觉得我生活在幸福中。每当我面对她们那羡慕的目光的时候，不得不报以苦笑，以掩饰自己心中的痛。我没有选择的权利，一切都是按照父母划出的轨迹运行。是那样的固定，那样的死板，没有一丝一毫属于自己的时间，有的只是梦里的游乐园。

中考过后，我欣喜地拿着印满自己汗水的通知书，轻松地走进家门，看到的却不是我心中早就设想好的那种父母欢笑的场面，而是听到妈妈唉声叹气的话语："你表哥考上了省重点中学，你却只考了××中学，你总是比他差……"我愣住了，我几个月来的不懈努力，不但没有得到半点承认，反而被表哥的优秀成绩抹杀得荡然无存。我心里难受得揪成一团，成串的眼泪流了下来。父母已经看不到我的进步，看不到我的努力了，只是一味地拿我和表哥比。

现在，每次考试后，都会听到妈妈那反反复复的话："你表哥总是比你好，你表哥……"我真的很痛苦。妈妈，我虽然没有取得和表哥一样优异的成绩，但我努力了呀。妈妈，您什么时候才能让我找回自己，拥有自己的一块天地呢？

我渴望走出阴影，我渴望……

豪遇玲

遇玲：

渴望走出阴影，走出父母设定的框架和角色，找回属于自己的天地，是我们每一个成长中的孩子思考的问题。

在竞争日益激烈的今天，相信你也可以理解父母希望孩子成才的心情吧？为了督促我们进取，父母总是向我们提出高的期望，常常把我们与周围表现优秀的人进行对比，希望我们能像他们一样或者比他们还好。这本身并没有错，对吗？只不过有时父母对我们的期望可能超出了我们的能力，使得我们难以适应，心里背负着沉重的压力。面对这样的情况，我们该如何是好呢？

第一，努力达到可及的目标。对于父母提出的目标或要求，只要通过自己的努力可以达到就一定要努力达到。

第二，与父母沟通，共同设置努力方向，一起分析自己的情况，制定出一些"跳一跳可以够着"的目标。通过努力使父母知道你在进步。因为行为和学业状况的改变不可能一蹴而就。不管是否达到目标，只要认真努力地去做了，就应该肯定自己。

第三，学会调节心理状态。当不能让父母降低对我们的期望时，我们要学会调节自己。因为我们自己对自己的实力最清楚，对一些不切实际的目标，不要强迫自己达到，因为只有在适度的压力下，才能发挥最佳水平。

相信你自己，一切都会好起来。

伤心太平洋

什么时候"伤心太平洋"成了我的口头禅，
什么时候眼泪成了我的入梦曲，
什么时候灰色成了我生活的曲谱，
什么时候自己竟迷失了方向……
当因考上心目中理想的高中而欣喜若狂的我兴奋地踏进这片充满无

限希望的土地时，那时那刻，可曾想到过：有一天我会落到如此惨痛的地步。

习惯了鲜花与掌声的我，在一次次的考试中失去了锐气，失去了自信。每一次的考试犹如血淋淋的针刺，总会把我伤得体无完肤，甚至瘫痪。不知是我天生愚笨，还是后天不努力或努力不够，我的生活好像天天在蜕变，无论我如何努力再努力，总改变不了那僵持的局面。于是我失望，我沮丧，我失去了再次拼搏的勇气和气势。

习惯了操理班务和琐事的我，在一次次的竞选中失利，昔日人人夸不绝口的领导才能渐渐被埋没，我成了墙角的一棵无名小草。于是，我慢慢变得消沉，变得沉默；我也好想在沉默中爆发，但实力的阴影总不断缠绕着我，把我压抑得越来越"变态"。难道我只能在沉默中灭亡吗？不！我也曾试图挣扎、疾呼，可没有人回应，没有人同情，于是我一次比一次消沉。我总怀疑有一天我会崩溃。

渐渐地，为了适应如此突变的生活，我改变了。我成了同学们喜欢的小可爱，成了室友中爱捣蛋的小坏蛋，也习惯了奔忙于教室——食堂——宿舍三点一线的生活，习惯了面对失败的精神胜利法，更学会了自我麻木……如此这般，我机械地生活着，生活着，只为了一个目标——等待高考的到来——以求解脱。

没有人了解我的内心世界，因为我是一个很善于掩饰的女孩；没有人知道我的苦楚，因为我总把眼泪和汗水一并往肚里咽；没有人注意我，因为我是一名不起眼的小女生；没有人喜欢我，因为我平凡无奇……

有人问，为什么你的眼里总含着泪水？答曰：因为我对分数爱得太深沉。

如果人生有第二次选择，我会毫不犹豫地选择另一方。

王耀兰

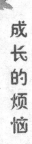

成长的烦恼

心理贴吧
xin li tie ba

耀兰：

同你一样，伴随着沉重的学习压力和身心转变与成长，每一位高中生都难免有一些纷杂的"角色落差"：从初中的"佼佼者"变成了高中的"平庸者"，从池塘里的"白天鹅"变成海滩上的"丑小鸭"。这种落差是每个人都会有的，需要提到的是，从众多的初中生中选拔进入高中的学生都非"等闲之辈"。你在原来的环境中如何，并不意味着新环境也要适应迁就你。因此，我们需要重新认识与定位自己，没有必要非强迫自己达到初中时的辉煌，只要尽自己的最大努力就问心无愧。

在这种"落魄"的时候，想到过去的辉煌是很正常的，原先的成绩说明了自己的能力，但我们不能老是沉湎于过去，过去的毕竟过去了，更重要的是要把握住现在，面向未来。所以不管怎样，我们决不能自暴自弃，我们要积极奋进，一步一步走，尽力把自己的能力展现出来，不仅让自己也让老师和同学对你有个全新的认识。

有时，只有当你失去一件东西时，你才会发觉它的价值所在；我们要学会珍惜青春，也珍惜自身拥有的一切。不要哀叹过去和现在的差异，而是要珍惜现在，把握现在。心理学上的"自我意象"说明，"只要你自己认为你能做到你就能做到"。多次失败并不代表自己不能成功，所以要战胜自己，重新站起来，塑造一个灿烂的明天，再创高中辉煌。

相信你一定能成功！

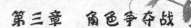

人生历程

迄今为止，我的人生平淡无奇，淡得就如同一杯白开水，而生活就好像不停地煮这杯水，周而复始，即使水里有点甜味也早已消失殆尽。

5岁时，脑袋里开始有了一些稀奇古怪的想法，便常常缠着妈妈问东问西。"妈妈，我是从哪里来的?""天上掉下来的"。简单而明了，这便是妈妈给我的最佳答案。从此我就对自己是从天上掉下来的说法深信不疑。现在想想，当初妈妈为什么不说我是从石头里蹦出来的，那样我也许就会把孙悟空当成祖宗。当时的我任性十足，爱哭，脾气又倔，喜欢反其道而行之，于是妈妈的手掌常常拜访我的屁股，而且两者的关系非常亲密——天天遇面，一天三次。久而久之，我也就学乖了，当妈妈的手举起时，眼泪自动收住，回报以快乐的笑脸。左顾右盼终于盼到了上学。哇！真是不看不知道，一看吓一跳。学校里那些长得美若天仙的阿姨们发起火来简直就像母老虎看见了白白胖胖的小羊羔，只差没把你吞掉。为了不罚站、不挨训，只好言听计从，慢慢学会了察言观色，以不变应万变。老师常夸我懂事，不像别的小朋友那样顽皮。那不叫懂事，那叫聪明，我才没别人那么笨呢，自讨苦吃。

如果说幼儿园是言听计从，小学里是敢怒不敢言，那么中学时代便开始转向麻木不仁，事不关己，己不劳心。不论你批评还是表扬，经常是左耳进右耳出，但偶尔也会有"要是天上突然掉下一颗特大陨石，把学校给砸了，那该多好"这种大逆不道的想法。可我每次想到这时，都出奇地兴奋高亢，没有一点罪恶感，真怀疑要是有那么一天，我会不会放串鞭炮。学习，学习，再学习，人活着大概就是为了不停地学。数学课、语文课……再数学课、语文课……反反复复，每一天都重复着相同的事情，就如同一台设置了程序的机器，周期性地运转着。习惯了也就自然了，再累再无聊再枯燥也就无所谓了，反正凑合着过呗。但是高考仿佛一把铜锤不停地敲打着我的头脑，想让我清醒，同时又恰似一座山把我压得透不过气来。

我想逃避，却逃避不了；我想挣脱牢笼，却在无形中为自己打造了一副枷锁。

王丽勤

心理贴吧
xin li tie ba

丽勤：

看到你的叙述，我有一点点担心，同学们眼中五彩斑斓的童年，真的如你所说，是一杯索然无味的白开水吗？

人生在世难免要承受一些压力，我们不要紧紧盯着它的一个方面，要辩证地看问题。的确，当前的整个教育环境包括家庭教育存在着一些弊端，但我们是不是应该以一种积极的心态去看待这些，看到它们积极的一面呢？即便是考试，本身也没有恶意，不过是一种选拔手段而已，考试并不仅仅考查知识，它同时也考查了我们的身体素质（生病了考不好）、心理素质（焦虑了考不好）等。在没有一种更标准、更客观的方法出台之前，它仍有着很多积极的方面。了解到这些，大可不必为它而犯愁了吧！

我知道，高考压力下的生活是很清苦的，越是在这种时刻，我们就越不应该给自己佩戴消极的眼镜。"生活就像一面镜子，你对它笑，它就对你笑；你对它哭，它就对你哭。"从自己身心健康的角度出发，用一种积极的心态去看待周围的一切。多去体验一下学习的乐趣，你会发现，生活原本比想象的要美好得多。

奇怪的多面体

从去年的9月起，我就是一个高中生了，在大人眼里应该算长大了，可我居然还一味把守着孩童般的心门。说来也矛盾，有时一个人静心想想，自己真奇怪，就像一个多面体，而且有棱有角。

每天看着夕阳西下，也曾感叹时间的仓促，悲伤整日的碌碌无为。于是就想，自己也许就是这么一个空悲切，白了少年头的庸士。某次，才突然惊醒，发觉自己忽略了自身的存在，失去了付出努力的信心，怎么会获得直步青云的快感？荒唐！知道了，却还迷糊度日，谁叫我胸无大志，本性懒散。我果然是矛盾的，也不知下过几回好好学习的决心，可这决心总被一次次失利所淹没。"失败乃成功之母"，我要这么多"母亲"干什么？那个盼望许久的成功何时才能诞生？似乎又忽略了一个环节，那就是总结失败经验，总来结去，总是那几个毛病，要改也真有困难。总而言之，我一个人独处时总能想出点与实际不相符的道理来。

若说一个人独处时我是理性的，那么和朋友在一起时就带有一点感性。本人纯属乐天派，性格倔强，对事物有批评喜好，虽然我真诚待人，却老憋不住把朋友活生生剖析一番，自以为说得头头是道，愿意听的是哥们儿，当耳边风的我也懒得再去烦。我总觉得与朋友在一起是最快乐的，没有心烦意乱，没有婆婆妈妈的语重心长，完全是心与心的坦白交换。

在学校免不了要面对师长，那感觉真不爽，说不愿说的话，做不愿做的事，一个完完全全的唯物主义者。学校的规章制度我是恨透了，我喜欢自由自在，无拘无束，被框着的状态点燃了我的叛逆之火。

在家中我是最沉默的，不是无话可说，只是觉得说什么都毫无意义，我宁愿一直坐在写字台前边听着 walkman 放出的喧哗声音，边做作业。沉默，沉默，也许我已在沉默中灭亡。

我是有棱有角，我对亲情、友情、爱情的看法也许真是太奇怪了。亲情似乎是可以在表面上忽略而内心却永不能忘记的最纯洁的情感；友情该是用火去炼，用金去镀，用酒去酿的珍贵情感，一旦失去了，就别去挽回，有裂缝的友情我就不会带着最初的心情去体会了；说到爱情，这也是我最讨厌的感情，跟赌博一样，而且注定只能付出，不能收回，与其经历爱情，不如去买彩票，省得身心备受煎熬，像个白痴一样跟着另一个白痴。一个人多好，想想吧，背着行囊，独自上路，走遍天下，这境地，怎一个"爽"字了得。

对这个社会，我只感到悲哀，偏偏有些人还要去大加赞扬。好的就是好的，偏要说得天花乱坠，多此一举；坏的又闭口不谈。整治，一点用也没有。这个世界还有那么多黑暗，那么多混乱，那么多不让我认同之处。

真是的，我还是个人，还得学习考试，积蓄亲情，维护友情，批判爱情，一个人独自悠游天下。唉！活着真累。

周苏雯

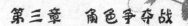

苏雯：

你说的对，每一个人其实都是一个多面体，在不同的时期扮演着不同的角色，有着不尽相同的喜怒哀乐。随着我们逐渐长大，会越来越感受到这一点，也会越来越游刃有余地平衡自己，找到其中的乐趣。

"尺有所短，寸有所长"，我们周围的一切肯定存在自己的优点和不足，我们的心理也是如此。作为高中生，你一定已有了自己的思想，但我们在认识问题上还是存在着盲目、冲动、片面、偏激等不那么完美的地方，所以我们应努力提高自我意识水平，从全面、客观地认识自己，合理地调控自己开始，逐渐用接纳的眼光去认识周围，认识社会，认识人生。

要了解自己，善待自己，做好自己，其实需要一些毅力和意志。要知道，人生在世并不是只为了吃喝玩乐，无忧无虑；生活本来就是解决问题、不断发展自己、实现自我的过程，同时也是在自己所热爱的领域积极开拓，为整个人类贡献力量的过程。自由和约束总是相对的，没有了约束，你仍感觉不到自由的存在。用心去感受周围的一切，用心去爱周围的一切，你会觉得生活是一片爱的天地，你会觉得活着真好，自己也就没那么累了。活着不仅可以体味酸甜苦辣咸五味俱全的生活佳肴，还可以感受那温馨的亲情、真诚的友情，还可以经历那绵绵的爱情，还可以……活着真舒服，不是吗？

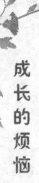

双面伊人

无助、彷徨、迷茫，走在人生的十字路口，我踌躇不前，眼前的所见，刺眼得很，酸酸的，涩涩的，直透灵魂的深处。欢笑是属于他们的，我只是一个旁观者，一切都与我无缘。想融入他们，可又觉得有点格格不入，很假。

我总觉得自己很虚伪，很有演戏的天分，明明十分厌恶，却装着满脸的笑，温柔应对。可有谁知道，这张笑脸背后，隐藏着一颗怎样的心。任何人都无法知道，那只是一颗躲在墙角、永远享受不到阳光爱抚的阴冷的心。

朋友的概念越来越模糊，距离越扯越远。一切都在不知不觉中沉沦、消失，感情的纯洁打上一个个问号，留下一片片心的碎痕。

孤独的感觉并不是我所愿的。记得我也曾在阳光下毫无芥蒂地笑过，我也曾拥着朋友的肩倾诉满腹的心事，我也曾爬在室友的床上整夜畅谈自己的人生，我也曾……可曾几何时，这一切都变了质，不复存在，就像泡沫般消失得无影无踪。

这一切改变了我，重新塑造了我，我从一个无知的少女蜕变成了一个心机不纯的双面伊人。在人生的舞台上，我再也不是一张白纸，纯如白雪，而是涂满了各种色彩，有深有浅，斑斑墨迹，道尽了我的心酸，染透了我那早已千疮百孔的心。

我扮演着各种角色，依然爽朗的欢笑，依然悲痛的哭泣。可在这时而喜时而悲的眼眸中，是个空洞的灵魂，一颗不完整的心。

我变了，变得喜怒无常，变得愤世嫉俗，变得……

让我们彼此留点空间，留点美好的回忆，不要让我把这层伪装都撕破。

殷雪花

雪花：

我真希望你的心情能够和你的名字一样，变得安定、纯净呢。生活中，真诚和虚伪本身就是一对孪生兄弟，它们是相对而言的。真诚是一种实事求是、言行一致的心理特征，是一种健康的个性品质；而虚伪正好与之相反，是一种为满足个人私欲蓄意掩盖真相的行为，是一种不良的个性品质。我们每一个人都努力让自己成为一个真诚、可靠的人，不是吗？

你不愿意融入你的同伴，觉得不真诚，觉得"假"，我能够理解。实际上，我们并不是机械地运用真诚和虚伪来处理生活中的方方面面。虽然我们内心里保持着真诚的天性，但在交往的过程中，讲究一些方式方法，以一些别人更易接受的、不会严重损害别人的方法来对待他人，不是更好吗？这种情况下的"真诚"并不是一种虚伪，而是从人的心理特点出发的一种更为有效的待人方法。就像一位心理承受能力极差的老人被诊断得了绝症，医生善意的隐瞒能说是一种虚伪吗？学会"善意的谎言"，也是成长的一个部分呢。

我们青少年的内心里真的有那么多虚伪吗？我不这样认为。其实，青春年华的你，何必刻意掩饰自己？真诚地对待周围和自己，活出一个真实的自我，不是更轻松吗？别人也同样会喜欢一个真诚的你。与此同时，要多站在别人的角度考虑问题，多为别人着想，你就会拥有自己更为真诚而美好的生活。若觉得自己的确存在一些虚伪心理，可以从正确认识自己、维护自我尊严出发，发挥自己内在的监督作用，多提醒自己，和朋友多交流，严于律己，宽以待人，用自己的理想引航来克服它。相信我们每个人都可以活出洒脱而又真实的自我。

有一首歌叫做《雪花的快乐》，希望你也能让自己快乐起来！

面　具

无人的静室中，我独坐镜前，卸下俗艳的衣衫，摘下繁复的装饰，除去一切束缚之物。这时的我是最真实、最自然的，同时，却是最空洞的。镜中，素面的我缺少一样东西，那就是表情。

平淡无澜的面孔没有一丝神采，只有空洞和漠然，好像灵魂不在般虚无。毫无修饰的五官那么天经地义地长在脸上，仿佛除了存在就没有别的意义，连眼睛也是漫不经心地环视着所及的一切，连我也不知道所看的图像是否能到达大脑——但到与不到似乎没有什么区别，我并不想看，所以看也只不过是为了让我眼睛能张开罢了。这张脸很恐怖，但与其说是恐怖，不如说是令人心寒。因为它看起来是那么呆板而又死气沉沉，根本不像是人应有的表情，反而像是塑胶的洋娃娃。然而我不想改，也无法去更改；无人在身边，我根本无须有表情，因为我不愿在面对自己时依然戴着面具；无人在身边，我却不知该有什么表情，因为生活中的我无时无刻不在戴面具，我已不知什么才是自己真正的面容。我早就迷失了自己，我早就不再有权利拥有真实。在我带上面具时，我业已成为那张面具的主人，而不再是我自己。所以面具就是我的表情，我就是面具人——一个失去面具就不知如何面对世界，甚至面对自己的人。

一个人的表情：喜、怒、哀、乐、爱、恶、欲，所谓的七情六欲全在一张脸上。然而，这些表情是发生在脸上？还是面具上？没有人说得清。或许只有婴儿、少儿那未经世故、风霜洗礼的面孔上完全发自纯洁内心的情绪才称得上是表情；而青年、中年等等，只要是能在社会上立足、生存下去的人，所拥有的面部动作都只能叫做面具而不是表情了。

生活中的我脸上戴着无数个面具：在母亲面前，我戴的面具叫顺从；在朋友面前，我戴的面具叫快乐；在对手面前，我戴的面具叫松散。我在瞬间更换着面具，也不断替换着角色。我已经变换得太多了，多到我已不在乎我是谁，还是否记得自己。

面具，面具，还是面具。远远望去，人生征途上，全是面具。戴得好的人，飞黄腾达；戴得不好的人，穷困潦倒。整个社会除了钢筋水泥，就是面具小人，而面具小人却常是站在钢筋水泥顶上的。没有人能没有面具，即使他再怎么憎恶它，也不得不学着去戴——如果他想生存下去而不被社会淘汰的话，就必须如此。这个年代没有也不需要表里如一的圣人，有的只是"胜人"。这到底是现代人的幸还是不幸呢？无人知晓。

郭一鸣

心理点评
xin li dian ping

人在一生中要学会扮演许多角色，如儿女的角色、学生的角色、男女的角色等等。这些角色使人们在不同的情景中以适当的行为方式与他人交往。一个人在扮演他人期望的角色中是否会丧失自我呢？只要人们真正相信他们的角色，认为应当完善地扮演，他们的行为就是真实的。他们的自我和角色就是统一的。

一个人可以同时扮演多个角色，并能保持各角色间的和谐一致。经常考虑个人扮演不同的社会角色的方式，有助于保持身心健康。

《面具》向我们展示一个少年在其成长中个体获得自我同一性和扮演好社会角色并非易事。对此，教育者应充分理解并给以积极支持。

正是以上展示的这种冲突，成为社会化和个体发展的矛盾运动中的动力。

第四章

我不是"孤岛"

设想一下：在我们的生命里，如果只有我们一个人，是不是感到自己好像生活在孤零零的小岛上，在肆虐的海潮和风雨中独自承受孤独？而当我们敞开心扉，张开双臂和周围的人交往时，是不是感到自己刹那间充满了活力？这就是我们的生活。

在生活中，每个人都不是孤立地存在着，我们会同各种各样的人发生联系，父母、亲友、老师、伙伴……著名的心理学家罗杰斯（Rogers C. R.）认为，交往不仅可以交流思想，而且可以分享许多隐秘的情感：对未来的梦想、内心的感受、隐秘的冲动……青春期的我们，既享受着交往中的甜蜜，也难免产生一些困扰。让我们透过同学们的文字，来体味其中别样的感受吧——

那份随风而去的友谊

有一条清澈的小溪在你的心中潺潺地流淌，清凉、甘甜，却也曲曲折折——这就是友谊。

我和她是从小玩到大的好朋友，她善解人意，有着一双大大的眼睛，一张会说话的嘴巴，她的脸上总是带着微笑。

我和她的成绩差不多，我们彼此鼓励着，一起学习，一起进步。在失落的时候，我们互相安慰；在遇到困难的时候，我们一起面对，一起克服；在成功的时候，我们共同分享成功的喜悦。我们都认为我们的感情是最好的、最真的，我们的友谊一定会天长地久。

就这样，我们一起读完小学，读完了初中。

在初中快毕业的时候，我们报考了同样的学校，希望能够继续在一起念书，我们为此各自努力着。成绩出来的那一天，我们一起来到学校。这次考试我们都没有发挥好，可是我们的分数还是相差不多，很有可能在同一所学校。我们为此而欢呼雀跃。收到通知书的那一天，她冒着雨来到我家，身上的衣服都快被打湿了。她满怀希望地问我考上了什么学校，我也满怀希望地告诉了她。可是她的脸色突然变了，我终于明白，我们没有考上同一所学校。我们什么话也没说，只是默默地站着，站了好久好久。我们心里都十分难过、十分伤心。窗外的雨下得更大了，连老天都在为我们流泪！

我们还是默默地低头站着。过了许久，我抬头看她的时候她也正看着我，我看见了她眼中闪烁的泪珠，终于，我的泪水也决堤而出，我们都哭了。又过了很久，她开口对我说："不在一起读书并不要紧，只要心中时时想着我们永远是最好的朋友就行了，况且我们可以写信联络啊。"我对着她重重地点了点头。就这样，我们终于还是分开了。

到了高中，我天天等着她的来信，可是并没有收到。可能是开学的时候太忙了吧，我这样默默地想着。大约过了两个月，我终于收到了她的来信，我开心得不得了，迫不及待地拆开来看，信中都是她的问候和一些这段时间发生的事情，还是那娟秀的字迹，还是那温和而又活泼的笔调，我欢笑着，激动着，仿佛这是世界上最幸福的时刻，我马上给她回了信。就这样，我们密切地联络着。然而，不管我愿不愿承认，我还是渐渐发现我们之间慢慢地已经没有太多的话可以说，已经没有太多的共同语言了，甚至有时候她写信来，我都不知道该写些什么给她才好。我总觉得我们之间在不知不觉中竖起了一堵高墙，把彼此的心隔开了。我们开始疏远了。

我们曾说好在节假日的时候一起玩，一起谈心，可是到了见面的时候，我们都好像变成了陌生人，总觉得没什么好说。有时候说了起来，也不过几分钟而已，不像以前那样说个没完没了。我越来越觉得我再也无法找回以前我跟她在一起时的那种感觉了。我们曾经执著的友谊正在随风飘散。

对此无可奈何的我曾经苦苦想过，是她变了呢？还是我变了？或许是我们都变了？或许是由于学习环境不同而改变了我们？或许是由于太少的接触使我们变成了这样？……我好想回到以前，拥有以前和她在一起时的那种感觉，拥有和她在一起时的快乐时光。可是我不禁怀疑：朋友之间的友谊真的能够天长地久吗？

王霞

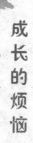

心理贴吧
xin li tie ba

王霞：

朋友之间的友谊真的能够天长地久吗？回答当然是肯定的。我想告诉你的是：在人类美好的情感当中，友谊几乎与爱情有着同等的地位。俞伯牙摔琴谢知音的故事，与梁山伯和祝英台的爱情悲剧同样让人潸然泪下；羊角哀舍命全交的传说，与贾宝玉和林黛玉的故事同样使人感慨不已。所以，千万别因为生活中的变化，就怀疑友情的可贵。

我完全理解你现在的心情。其实，人类越是歌颂、越是珍视的情感，生活中往往也越难获得。真挚的友谊与真挚的爱情同样珍贵，同时，获得真挚的友谊也同获得真挚的爱情一样困难。我们每个人可能都有体会，交友失败的例子比交友成功的例子要多得多；而交友失望的感受，也远多于交友满意的经验。心理学家研究发现，更多的人在交友过程中都没有找到与友人相处的应有规则。虽然，在个人主观的感受上，人们体验得更多的是失望、挫折，是对友人的不满，但实际上，在绝大多数情况下，不能保持美好的友谊、失去友人的责任在于我们自己。如果我们在与友人交往中从价值取向到沟通过程都能够真正遵循保持友谊的规律，那么就可以与各种各样的人保持我们所期望的不同情感层次。

所以，如果你想使你眼前这份日渐凋零的友谊焕发新生，如果你想在以后的人生道路上继续获得真挚的友谊，就必须明了这么几点：

首先，不要对友谊奢求太多。友谊就像是从山上潺潺流下的小溪，时而宽时而窄，时而平直时而曲折，我们不能要求友谊总是一帆风顺地成长，总是一成不变的醇厚。因为，随着时间、空间的变化，友谊也会随之发生变化，就像你所经历的那样，空间上的距离使原来的友谊变化了。但友谊决不会因此而变质，也不会从此"随风飘散"，它只是改变了它的样子，改变了它的生存方式。而我们所要做的是，认识到它现在的样子，适应它现在的存在方式，宽容它某些违背你期望的改变，用你一颗真诚的心将它坚持到底！"君子之交淡如水"，那便是古人友谊的高深境界。

其次，友谊需要细心的呵护和坚持不懈的浇灌。你一旦获得一份真挚的友谊，就需要对它持之以恒地呵护和照料，永远不能停止，除非你已不想维持这份友谊。无论怎样亲密的关系，我们都不能一味地索取而不"投资"，否则，原来亲密的关系也会渐渐地变得疏远，使我们陷入友谊的困境。就像你碰到的问题一样，地域的隔离给我们对友谊的呵护造成了很多的困难，然而就是在这种情况下，我们需要付出更多的关怀和爱心，对友谊进行更多的"投资"，这样才能维系着得来不易的友谊，这样才能使友谊之花开遍你生命的每一个角落。

知音难觅

有一首歌唱道："千里难寻是朋友，朋友多了路好走……"真的，在一个人短暂的人生中，能够找到一个知己，确实很难。

这对正处在高中阶段的学生而言，则更是难上加难。我们所接触的只不过是一个班级、一个年级的同学而已。在紧张的学习生活中，以前很亲密的朋友，路上遇见，也只不过是微微一笑，相互点点头罢了。以往朋友间的那种亲密和互相帮助，也就只好作为记忆深处最美好的东西保存起来。

一般而言，一个人在生活中不可能没有朋友。至少，同宿舍的室友、同桌之间也可以算是朋友吧。但就我个人而言，朋友之间总是缺少了点什么，或者说朋友之间总是多了点什么。朋友之间总不能达成一种默契，这也许因为现在的孩子都是独生子女的缘故。每个人都会有一种很自私的心态，为别人想得很少，一切都以自己为中心，朋友间就会在不自然中形成一种隔阂，你不帮我，我为什么要帮你，好像朋友之间存在着一种等价交换的成分。朋友之间存在这种隔阂，导致了朋友间的种种猜疑，猜疑的结果无非是多了朋友之间的不信任、不真诚。自然而然，深厚的纯洁的友情开始慢慢地变质，时间一长，昔日的朋友就变成今日的"陌路人"……

漫漫人生路，找一个知心朋友真难。我想朋友的情分，无论相求相助，伸手就应出真心之情。

杨柳

心理贴吧
xin li tie ba

杨柳：

我们处在成长的过程中，难免会出现人际关系的适应性问题。你感叹"难觅知己"，其实也或多或少地表现了你孤独的感受，这我完全能够体会得到。高中生活是一个新环境，在这个新环境里，我们不可避免地要建立和适应新的人际关系。而繁忙功课带来的学习压力又使大家分不出时间和精力来关心、了解身边的同学，于是就出现了淡薄、疏远的感觉。

这种情况下，我们可不可以尝试做些什么呢？

首先，不要过于封闭自己，在思想上、学习上多和同学进行交流，以心换心，把自己对一些问题的看法、意见告诉别人，和他们共同讨论。

其次，对待同学要真诚。因为只有敞开自己的心扉，真诚地对待同学，同学才会敞开他们的心扉，真诚地对待你。这样才会加强相互之间的了解，建立起友谊。

第三，同学、朋友之间要互相尊重，对待同学、朋友要宽容。因为每个人都有优点和缺点，要学会欣赏别人的优点，宽容别人的缺点。相互之间的尊重就是要多一些宽容。最后，对自己的言行要自我约束，不做损害他人利益之事，尽量做到"己所不欲，勿施于人"，多站在别人的角度去考虑别人的需要与想法。

相信你一定会找到自己的知己，祝你好运！

给琳的一封信

琳：

你好。

收到我的信，你一定很意外吧！的确，给你写这封信也是我辗转反侧后才作的决定。不知你是否意识到，我们已经有多久没有说过一句话了。是的，62天，整整两个月零一天。我不知道，我们之间的沉默是否属于"冷战"，我只知道，沉默已经开始破坏我们纯洁的友谊。琳，我不想刻意把你拉回到过去的记忆中，但是你是否仍被过去那两个女孩天真而快乐的笑声所感动？是否仍将校园中手拉手漫步的那两个身影留在脑海？是否还痴心于那两个纯正女孩之间浓浓淡淡的悄悄话……

已经记不清我们是为何而争吵的，也记不得到底为何要选择冷漠来对待往昔的好友，更不记得那次争吵时的话语是如何刺痛彼此的心……也许，时间真的能冲淡一切无谓的伤害，不快和怨恨渐渐褪去，只留下对朋友的真情越来越浓。

琳，还记得那句承诺吗？你说过，也许是偶然使我们相遇，但却是真情使我们相知。朋友难得，知己更难得。你说过，我们是朋友，有一天我们也一定会成为知己。

或许，我们的友情真的不如外表那么真与浓，但我扪心自问，我从未将我们的友谊放在任何一份感情之后。虽然她还是那么脆弱，弹指即破……有人说，破镜重圆总会留下裂痕，但我却希望，经历过风雨的天空会更加蔚蓝，经受住考验的友谊会更加坚固！琳，你希望吗？

还记得那次，在同学的调和下却越来越僵的情景吗？我记得那次我哭了，你也哭了，在泪水朦胧中，我看到了两个同样渴望友谊的心。机会错过了，也许晚了，但我仍要亡羊补牢。因为，我不想失去这份来之不易的友谊，我不想带着失去她的遗憾走出高中，走入大学，走入社会，我不想！你呢？

琳，如果可以，明天你会来找我，对吗？

祝每天都有一份好心情！

友：洁

 心理贴吧 xin li tie ba

亲爱的洁：

友谊的路上有很多绊脚石，让你一不小心就会跌跌撞撞，有时甚至还会狠狠地摔上一跤。这种绊脚石就叫做误会，就像你现在面临的问题一样。

其实，同学之间发生些误会，是再平常不过的事了。有些误会是小事一桩，时间一长也就忘记了，可也有些误会，若不加以说明，会使人牢记在心，如鲠骨在喉。对于这类误会，我们必须设法加以消除，否则，不仅会使同学间的友谊受到重创，而且也会对同学们自己的身心健康造成很不利的影响。

造成误会的原因很多，我不知道造成你和你的朋友之间的误会到底是哪一种。有时可能是因为我们把别人一些无特定意义的行为当成寓意深长的行为，以至于生出种种误会；有时可能是因为某些同学搬弄闲话造成的，等等。其实，只要我们有一颗真挚的心，稍微懂得一点消除误会的策略，就没有消除不了的误会。这里有几个办法供你参考：

策略一：气量恢宏。对于那些错怪你的人，不要怀恨在心。因为剑拔弩张、针锋相对不但于事无补，也许还会节外生枝，造成更大的误会。应该清醒地看到，在大多数情况下，误会的发生总是意味着误会者与你之间已有某种隔阂，只是这种隔阂未为你所注意，而在一定的条件下，它趋于表面化了。这时，就需要我们做一些"修补工作"。历史上"将相和"的故事，就可以给我们以启迪。只要我们能像蔺相如正确对待廉颇的误会那样，我们的误会就可能会"湘潭云尽暮山出，巴蜀雪消春水来"了。

策略二：寻根溯源。要头脑冷静地分析误会产生的根源，找到症结之所在。如果责任在自己一方，不妨"有则改之"；如果不在，那也不必着急，有谚道："时间是澄清误会的明矾"。

策略三：对症下药。有很多消除误会的办法可供我们选择，可以与误会者平心静气地面谈，也可转托他人作解释，还可以通过书信、电话等媒介来传递真情和歉意。你已经这么做了，不是吗？我想当你的朋友琳收到这封信的时候，心中一定会浸满浓浓的友谊，她也一定会被这份真情所感动，友谊将再次拉起你们的手，一起走在洒满阳光的青春路上。误会，只是过眼云烟。

老师竟成我的梦魇

"下次再这样，站在外面！"

老师走出教室的一刹那，高大的身躯隔开了和煦的阳光，阴影笼罩了整个教室，它挡住了门外生机勃勃的景象。前所未有的压抑使我难以呼吸。

阴天，在不开灯的房间，努力让所有的思想凝固，然而却始终驱散不了记忆中的那片阴影。在灰暗的房间里，记忆中的阴影与房间里的黑暗融为一体并且越长越大，终于吞没了周围的一切，黑暗与死亡般的寂静将我紧紧包裹住。

深深的恐惧感狠狠地抓住了我，在不由自主的几个冷颤之后，我觉得我的双腿在颤抖。我迈开步子跑了起来，没有方向、没有目的地，有的只是人类求生的欲望。我不停地跑着，跑向那无边无际的黑暗中。

空气中出现了几张惨白的脸，带着他们那可憎的狞笑围绕在我周围旋转着，刺耳的声音不断压迫着我的听觉神经。眼泪终于无力地滑落在我早已冰冷的脸上。"爸爸、妈妈，你们在哪儿!？"我哭喊道，然而回答我的似乎只有这迫人的黑暗。我的尖叫声也被这黑暗吞噬掉了，一点也不剩。捂紧耳朵，我在黑暗中继续奔跑。

"轰隆隆——"雷声传过来，一道闪电劈开了黑暗。在一刹那间，在闪电出现的地方我看到了一片花的海洋。像是抓住了一根救命稻草，我安慰着自己飞快向那片地方跑去，可是在筋疲力尽的奔跑后等待我的却是另一个黑暗的开端。

一身黑色的长袍，一头长直如瀑布的秀发，一把匕首，一根皮鞭，死神作好了准备等待着我的到来，然而最使我惊愕的却是那张脸——原来是老师的脸！在我落入他的圈套后，在一个闪电后，我看到的不再是花儿而是荒凉的沼泽。

我被困在沼泽里的唯一一根木桩上，在我面前的是吊着的、沸腾着的油锅。

他狞笑着，挥舞着手中的皮鞭向我走来，我的喊声覆盖了整个沼泽，却没能使死神放慢他的脚步。他停在我的面前，脸上始终挂着那抹狞笑，他高举起他的鞭子，然后，我周身火烧般地疼痛着，在雨点般的皮鞭下，我听到自己低低的呜咽声，眼泪又一次无力地滑落下来。

终于，一切又恢复了死亡般的寂静。死神举起亮闪闪的尖尖的匕首，白光一闪，就向我的心脏扎来。就在那一瞬间，恐惧和痛苦在我的心中爆发，我的身体也快要为此而撕裂。

"请别杀我！老师！我会努力学习的！"我在心底呐喊着。

"轰隆隆——"雷声不断地传入我的耳朵里，仿佛是千年尘封的咒语被打破般。我睁开眼睛看到的是依旧灰暗的房间。窗外雷电交加。

噩梦消失了，然而每当我想起那张死神的脸，总会莫名其妙地打冷颤。因为，那张脸是如此的熟悉，却又如此陌生。

陈美玉

心理贴吧
xin li tie ba

美玉：

看完你的文章，我真的为你描述的噩梦骇然动容，同时也为你曾经落入这样一个可怕的梦魇而遗憾，更为一个学生竟然会这样看待自己的老师而惊讶万分！我不知道这位老师在你的脑海里到底是怎样的一个印象，也不知道这个印象是怎样形成的，但是我可以肯定的是：你在处理师生关系时的心态需要一些小小的调整。

事实上，在现实生活中，我们都会多多少少体会到你的心情。虽然许多时候事情远没有你所体会的那样严重，但师生交往问题确实存在于无数"人类灵魂工程师"和他们的弟子之间。要知道，学习可是伴随自己十几年的一件大事，如何处理好老师和我们的关系，一定是至关重要的。下面是我的几点建议：

首先，要真正理解和信任你的老师。师生之间最重要也是最基本的就是相互理解、相互信任。只有相互信任，老师才能将自己的知识和才能倾囊相授，学生才能将自己的学习和前程托付给恩师；只有相互理解，将老师和学生联系在一起的知识通道才能畅通无阻，学生才能顺利地从老师那里汲取知识和技能的营养，茁壮成长。所以，我想对你说，天下的老师，可能会有不同的个性、不同的观念、不同的知识水平、不同的教育方法，但是，他们拥有共同的信念，就是要努力将每一个学生都培养成才；他们拥有共同的品格，就是为人师表、诲人不倦。我们不能够决定老师的个性、观念和其他个人因素，但是我们能够决定我们是否能从老师那里获得自己想要的知识。而要做到这些，我们就必须充分地理解和信任我们的老师。

其次，要培养尊师的感情。古往今来，尊师爱师都是做人的一种美德。我们不仅要在思想上认识到老师的可尊可敬之处，还应该在行动上有所表现。在学习中，我们应该尊重老师的劳动；在生活中，我们应该对老师有礼貌，多关心体贴老师。

最后，我们应该适当地调整自己的心理结构。第一，要明确师生关系的性质。师生之间的关系是和谐的、亲密的、平等的，没有尊卑之分，不存在任何鸿沟，不应该在心理上形成两个对立的阵营。第二，我们要客观、全面地评价老师。第三，要正确认识自我。作为中学生，应该明确自己的角色，看到自己的优点和不足，为了使自己更快、更好地成长，应积极主动地与老师交往，求得老师的帮助和指导；应该向老师敞开心扉，让老师能从不同的侧面来了解自己，从而能使自己在老师心中留下一个完整良好的印象。

我想，如果你能对以上几点心领神会的话，相信你的老师不但会成为你的良师，还会成为你的益友。那时，出现在你梦里的就不会是阴暗潮湿的地狱，而是阳光明媚的教室了。

被遗忘的角落

从小，因为成绩不错，再加上其他某些原因，我总是能得到老师们的宠爱。

当时，我很奇怪：为什么有些同学会为不被老师重视而苦恼，会为老师看不起他而悲哀。我总觉得老师对每一个同学都是很好的，而我对老师给我的关爱已经非常满足了。

然而，现在我已经渐渐体会到了那些同学的心情，渐渐懂得了他们的痛苦。进入××中学后，在如云的高手中我已经变得普通，我不再是老师的宠儿；本来就没有什么特长的我，再也不能引起老师的注意。——我痛苦地发现，我渐渐地被遗忘了。

有时候，我甚至会羡慕起差生来，因为至少老师会找他们谈话；我也很羡慕那些调皮捣蛋的男生，即使被老师臭骂一顿也无所谓，毕竟这能够证明他们在老师的心目中还是有一定的地位。每一次考试，班主任都会找一些同学谈一谈，看着一个个被老师喊出去谈心的同学，我的心里好羡慕。我的心里期望着：下一个该轮到我了吧？看到班主任走进来，我总是喜欢充满期待地看一看他，希望这次的“幸运儿"是我。然而，一次又一次，我总是失望地目送他叫了另外一位同学出去。

老师，我是被您遗忘的角落吗？老师，您知道吗？我好希望您的目光能在我的身上多停留一会儿，我好希望您的心里会有属于我这个平凡学生的一席之地。而现在，我甚至对您知不知道我的名字都没有把握！

但是，我从来没有放弃过，我一直在争取着，努力地争取着。相信"苍天不负有心人"，总有一天我会成功的，我会成为您的得意门生！

是的，我会成功的。

听瀛

心理贴吧
xin li tie ba

听瀛：

我能够体会到你现在的心情，没有哪个学生不想得到老师的关注、喜爱和重视。可怎样才能做到这一点呢？你不妨问问自己以下这样几个问题：

第一，平时遇见老师时你打招呼吗？

有些同学平时怕跟老师打招呼，远远地看见老师便避而行之；即使和老师打了个照面，也低下头匆匆而走，这种举动实不足取。这样老师会认为你不懂礼貌，而事实上你只是不好意思而已。老师喜欢自己的学生懂礼貌，更喜欢自己的学生尊重自己。如果在这个时候，你能大大方方，面带微笑叫一声"老师好"，其效果与避而不见相比，哪个更好呢？如果你一下子还不好意思与老师进行言语交际，可以先从微笑开始，逐步过渡到体态与言语相结合的交际方法。当你把和老师打招呼当成一种很自然的行为，你就会感到老师已经对你有了好感。

第二，平时有向老师请教问题的习惯吗？

别老以为老师只喜欢成绩好的学生，其实老师更喜欢勤学好问的学生。平时遇到自己不懂或模糊的问题，要主动向老师请教，请老师为自己指点迷津。假如自己对某一问题有自己独到的想法（哪怕是幼稚的想法），也可以在适当的时候与老师进行交流，听听老师的意见。这样能收到两种效果：一来解决了你学习上的疑难；二来老师也会因为你的勤奋好学而对你多一份关注，老师会打心眼里喜欢你这样的学生。

第三，平时遇到下列情况（或类似情况）时你是怎样做的呢？

情境一：老师走进教室，见黑板未擦，便拿黑板擦擦起黑板来。

学生表现A：视若无睹，坐在座位上看书，或等老师擦完黑板上课。

学生表现B：走上讲台，对老师说："老师，让我来。"说完接过老师手中的黑板擦。

情境二：下课后，老师走出教室，见天正下雨，面露焦急之状。

学生表现A：打着伞从老师身旁走过。

学生表现B：拿着自己的伞，走到老师身边说："老师，用我的伞吧！"

上面两个情境，都是我们经常会碰到的。此时此刻你不妨问问自己，你是属于A还是属于B。如果答案是A，说明你在"懂事理"方面还存在着欠缺；如果答案是B，说明你可能已是老师喜欢的学生，因为你懂得关心和尊敬师长。

其实，只要我们时时做个有心人、细心人，以尊师为荣，学点交际技巧，就能心想事成，让老师对自己多一份关注，多一份喜爱。

妈妈变了

我很爱我的妈妈，她也很爱我。但不知为什么，我从她身上一点温暖都得不到。她现在给予我的，只是充满灰色与眼泪的日子，我只能独自回忆那充满温馨的童年，只能——

我的童年充满阳光与关爱，母亲，慈爱的母亲，宽容的母亲，美丽年轻而又严厉的母亲，在记忆里永远是我最温暖的归宿。每一次，我做错事情，妈妈都先批评后教育我，最终都能使我感到深深的母爱。每当那时，我便会倒在妈妈怀里，尽情地流下忏悔的眼泪，因为在母亲的怀里，我最有安全感、依赖感和归属感。

时光飞逝，那种关爱似乎已被无情地蒸发掉了，我时常问自己why，也时常背地里cry，但这一切似乎是避免不了的，我只感到从前那个温柔体贴的妈妈已经渐渐……

那天早上，上学前我又与妈妈发生了摩擦，这一次似乎妈妈比以前更生气，口气也重了许多，而我也并没有惧怕她，只是习惯性地反驳了几句。不料，那在她心中沉积多时的火山终于爆发了，而我却一点儿准备都没有了，一点儿都没了。当我起身要出发时，她将我拦在门前，出乎意料地打了我一下，这一下并不是很重，却使我不禁打了一个寒战。从那时起，我就开始记录对她的不满，我并不知道会发生什么，只挂念着我最喜爱的物理课和数学课，就在这时，龙卷风般的训斥向我袭卷过来，每一句话都无不使我震惊，每一句话都无不刺痛我敏感而自尊的心。

（W：我；M：妈妈）

W：你想干吗？

M：在家给我好好呆着。

W：你凭什么？我今天还有很重要的课呢！

M：我要好好教教你怎么做人，怎么对待、尊重母亲，你个没良心的，好好想想你除了会学习还会干什么？

说罢，她叉起腰，快步走到窗前，把窗户关得死死的，接着又把阳台门关起来。这是每一次争吵前，妈妈必不可少的操作——为了防止邻居和路过的人听到并议论。而我此时已火冒三丈：究竟犯了什么大不了的错误，居然要牺牲宝贵的上课时间来陪这个"神经错乱"的妈妈？正在沉思中，一阵刺耳的碗碟碰击声传进了我耳朵里——这是妈妈习惯性的反击和发泄方式。我很想不予理睬，静下心来看书，可努力半天却一个字也看不下去，觉得自己有这样一个"封建家长"真是活在悲剧里。过了一会儿，妈妈仿佛挑衅似的走过来，怒气冲冲，叉着腰：

M：知道自己哪儿做错了吗？

W：不知道！

M：你想想你自己早饭时都说了些什么？（一副鄙视加仇视的表情）

W：可我真的没说什么呀？

M：再说没说什么，你说："行啦，行啦，我要赶紧吃饭了，你能不能别说啦！"这是跟家长说话的口气吗？我能不说你吗？哼！我还要找你们校长。好好探讨一下当代中学生应该怎样和家人相处，尤其是养了你十五年的母亲……"

我已无话可说。

十八点左右，妈妈又硬拉着我踏上了去往学校的路。那时我的心情异常平静，因为我没感到自己有什么做错了。路上，妈妈又把我拉进一家饭馆，说要请我吃饭，可刚一坐下，还没起筷，就发现妈妈的态度变得和蔼起来，一副苦口婆心的模样对我说："妈妈想跟你说，我其实并不想找你们校长去告我女儿的状，但是，你现在到底承认不承认自己说错话了，理解不理解妈妈的好意？……""好意?!"我诧异得半天都说不出话，只直截了当地说："我不理解，你为什么浪费我宝贵的时间去维护你的自尊。"妈妈听后，脸色立刻多云转阴，她厉声道："那看来我还是要找你们校长了？"天啊，她居然这样威胁我，我又气又绝望，小声地抽泣起来，她又赶紧凑过来紧张地说："W，你小声点儿哭，人家都看这里呢!"我越听越委屈，索性放声哭出来。透过模糊的泪水，我瞥见了妈妈那张愤怒得快要扭曲的脸……

后来，她还是去找了校长，虽然采取的是匿名告状的方式，也夸了我几句，但从那时起，"妈妈"在我心中的感觉已经变质，它渐渐成为一个"强权"＋"无奈"＋"愤怒"的情绪的集合体。

那件事或许只是一个叛逆期的开端吧，此后妈妈又有许多次与我发生强烈冲突，我和母亲的关系继续恶化，甚至……

有一次，为了一点小事，她竟想用扫帚把打我的头，我气急之下，夺过扫帚就从阳台扔了出去。这一下，她更加恼怒，狠狠地揪住我的头发，另一只手拿起抹布，准备拽我，我一生气拨开她的手又把抹布扔了出去。她看无计可施，便怒气冲冲地叉着腰盯着我。我满心委屈憋不住，就给一个好友打电话哭诉，那好友在电话里安慰我不要太难过，要平静一点儿。谁知刚从阳台那边走来，怒气未消的妈妈一把抢过电话挂断了。我火冒三丈，再一次拨通。妈妈又抢过电话，对那好友说："S，我请你不要管人家的事情，W也是一时情绪激动，说的话也不太真实，你不要听信她。我也请你不要再打电话来了。"说罢，再次重重地将电话摔了下去。我看着她粗暴的、几乎已丧失母性的行为，绝望极了，便独自离家出走了……

夜幕降临，我独自走在黑暗中，虽然可以清晰地听见那吵人的车笛声，看见那刺眼的灯光，感到那污浊的空气，但我已什么都不在乎了，仿佛有一种被这个社会遗弃的落寞的感觉。我无法承受这巨大的打击，怀着强烈的失落感，又一次拨通了好友的电话，听着那"嘟嘟"的电话响，我的心无法平静，"喂——"听着那熟悉的声音，我有一种向她倾诉的冲动。但不知为什么，心中那些伤感的话，总是说不出口，而那失落的双眼再也无法拦住泪的去路，随它泄闸一般地滑落了下来……"你现在在哪儿啊？你别难过，别哭啦……我刚才给你家打了好几个电话，但你妈妈又不接，我找不到你啊！……"听着对方的声音，我似乎平静了许多，可那阳光的心却怎么也找不回来，眼泪禁不住又落了下来……

我想起了那个小时候可以犯了错躺在妈妈怀里尽情流泪的我，那时流泪是因为有安全感，而现在流泪却是因为无奈和叛逆。

现在我已不在本市上学了，或许因为"飞"得远一些可以摆脱那冷灰色的记忆吧！

有人说，这一切都因为我处在青春叛逆期；有人说，是因为母亲管教孩子太严厉；还有人说，是因为两代人的信仰、人生观不同……可不管怎样，这个问题究竟该由谁来怎样解决呢？我也努力了三年，试图改善我和妈妈之间的情感关系，可不知为什么，却越来越差，我对此也越来越没信心。可是，在我内心深处也埋藏着一股热烈的渴望与爱，我希望有一天我能重温到母亲那温暖而又自然流露的母爱，能再次投入到那充满安全感和归宿感的怀抱，尽情流泪，祈求妈妈对我这几年没能尽到女儿对母亲的关心与爱戴的宽恕……

楠楠

心理点评
xin li dian ping

心理研究的一种方法叫活动产品分析法。中学生书写的日记、作文、随笔等，会较真实地体现他们日常生活中的心理活动，对其进行分析可为研究他们的心理特点提供帮助。

本文除标题为编者所加之外，完全保留了小作者作品的原貌。其目的是让我们走近这真实的母女之间。

由于亲子之间的血缘关系、无法割舍的亲子情结，一般说来，父母在孩子心目中是安全、温暖、力量的化身，是孩子崇拜和模仿的对象。但由于种种原因，母女之间也可能存在着相当程度的矛盾和冲突，这主要是交往方式不良造成的。自20世纪60年代 M·Mead 提出代沟的概念以来，如何协调两代人的关系，已成为人文学科范围内跨学科的课题。

改善亲子关系，一方面父母需要改善其教养态度和方式；另一方面，社会、学校各方面需在教育孩子热爱父母、尊重父母、体谅父母、关心父母方面做实实在在的工作。善于沟通、善于相处、善于表达爱与接受爱，学会尊重、学会关心等非常重要。

爱的束缚

爱，不应该是束缚，而应该是信任、尊重、理解。当爱不单纯是爱时，爱是成功的。

每当面对父母时，总想对他们说些什么，却总是不好意思端坐在他们面前剖析感情这样严肃的问题。以笔描绘自己的心声，虽不能表达周全，但也只能如此了。

父母也许早已忘记，我对他们许多次的反感，是因为他们常常重复着的话："供你吃、供你穿，不但不感谢，反而不屑一顾。"这些话对我的影响竟是：使我小小年纪就觉察到感情的重压。相信只有我知道，只有当我自己独处时，我才能心安理得地读书、写字；而与他们在一块儿时，却始终感到惭愧和沉重，感到对他们负债累累。这一份感情的债，我何时才能还清啊！爱的回报本应该是情不自禁、发自内心深处、自然而然发生的。然而，自从把爱当成了一种负担、一种困扰后，爱的回报对于我已成为被动的、无可奈何的责任。

不知从何时起，开始惧怕那种爱。有意识地躲避和反抗，组成了对爱的悲哀控诉。我咬着牙承受着这份爱的重担。而心目中那种真正的爱与这一切是多么的不和谐啊！

多么希望对母亲说："妈妈，请不要再嘱咐我穿上棉衣，请不要再嘱咐我要多注意身体。一遍，我记住了。再一遍，我很感动。可是三遍、四遍、无数遍，却只能使我反感和惭愧。放开我吧！趁我还不曾厌倦这份爱的时候。把我从'爱'中释放出来，我已感谢至深了！"

多么希望对父亲说："爸爸，请休息一下吧！不要再为一件小小的事情喋喋不休，你饱经风霜的脸不能再被冰雪覆盖了。棉衣，就放在身边，冷了我自己会穿上，身体，我自己会注意。不要再一遍一遍地叮咛了，不要再为此生气了。我已经不再是一个不知冷暖饥渴的婴儿了！"

心中真的好惧怕，怕那份爱不断地泛滥。我的内心本应该有一个真正属于自己的空间。爱的侵入使我自己的领地再也不属于我自己。爱，已经变成了负担。我多么想躲进寂静的森林，再也不出来。因为这样就可以不仅仅为了承受无限制的爱而活着。

恨极爱极，都会走向极端。爱，可以造就人，也可以毁了人。当爱仅仅成为生命的一部分，而不是全部；当我在爱的扶持下成为一个独立的人时，父母的爱便有了结果！

我不知道我的这些想法是不是大逆不道，我也不知道我这样想是不是不应该，可是我真的有这样的感受呀。我该怎么办呢？

子夜

成长的烦恼

子夜：

看了你的文字，产生了一些想法，想同你聊一聊。

你把父母的爱形容成"一种负担、一种困扰"，并且"想躲进寂静的森林，再也不出来。因为这样就可以不仅仅为了承受无限制的爱而活着"。这不禁让我有点触目惊心。那么"这些想法是不是大逆不道"呢？

我想不是，这是处于青春期的你所常有的一种心理困惑。从心理学上来讲，一方面，作为青少年的我们已不再是幼稚单纯的儿童，也不再是仅满足基本生活需求的"生物人"。随着身心发育，我们会要求走向独立，自己考虑、判断和解决问题，成为不再依靠父母和家庭的"大人"；另一方面，父母们却常常没有意识到我们的"第二离乳期心理"问题，常常不能有意识地去帮助我们顺利地通过从"生物人"向"社会人"转变这个心理关口。这样，就难免出现象你那样的大声疾呼，家庭关系也由此而变得紧张和不和谐。

首先，我们应该找机会和父母进行促膝长谈。告诉他们，我们已经到了"第二离乳期"，我们不再是躲在父母怀里的宝宝，我们有自己的思想，有自己的观点，已经有了一定的辨别是非的能力，我们会照顾好自己。无论是父母还是教师，都应该有意识地减少我们青少年对大人的依赖关系，使我们养成独立判断、决定问题的能力。

其次，我们要同父母一起来改进和发展我们与父母之间的亲密朋友式的平等信任关系。我们要明白也要努力让父母明白，随着年龄的增长，我们与父母之间的关系也要随之变化。请注意，我们说的关系的改变并不是要改变我们与父母之间关系的爱的本质，而是改变关系的形式，是从父母对孩子的绝对权威、绝对呵护转变到一种平等、民主、信任、亲密的朋友关系。

再次，我们要提醒你的是，不管父母的行为和观念有什么不合适不科学的地方，他们对你们无私的、浓浓的爱是永远不变的。他们对你所做的一切都是出于关心和爱护，而这一定要成为你和父母进行沟通的基础。

最后，我们要适当地控制一下我们的自我意识，因为我们毕竟还很年少，还没有足够的行为能力和社会生活经验。

在很多方面，在很长一段时间里，父母的经验和知识都能很好地指导和帮助我们。所以对待父母的教导和意见，我们要采取尊敬的态度，虚心地接受，客观地思考，然后和父母民主地讨论，最后决定我们的行动。

相信经过沟通，爱不再是一种负担，而成为甜蜜的幸福了。

妈妈看了我的日记

对于我的朋友，妈妈总是不忌口的，所以那天下午，她就不忌口地对我朋友说她翻过我的抽屉；对于我，我的朋友也是不忌口的，所以那天晚上，朋友不忌口地告诉我："你妈翻过你的抽屉"；对于妈妈，我更是不忌口的，所以那天深夜，我不忌口地对妈妈说："你卑鄙。"之后，我就把妈妈关在了我的"心门"之外。

老天知道，我曾经多么信任妈妈，我曾在羡慕死我的朋友面前自豪地说："我妈从不翻我的抽屉。"我曾经把我的赤橙黄绿青蓝紫的心情画出来让妈妈看……

但现在我很伤心，已有三年没有拜访的泪水悄悄地爬满了我的脸。

我内心有一股无法言语的痛楚。我被商贩骗过，被好友骗过，现在又被妈妈骗了……

天快亮时，我突然想起了什么，忙拉开抽屉隔层，隔层被人动过了，而隔层里只有那本日记。我的日记，我的秘密！我内心叫着，泪水又一次不争气地涌了出来，我几乎把秘密都告诉了妈妈，可她却还不满足，连我唯一仅存的秘密也要夺去！

轻轻地翻开那本厚厚的、我记了五年的日记，对他的感觉又一次在我脑中翻腾。

认识他是在一个暖暖的午后，太阳照得我的脸红红的，他叫了我的名字。当时我并不认识他，但从那以后我这笨笨的脑袋瓜子就记住了他。他是三班的男生，不帅，但很自然，因此，他吸引了不少女孩的目光。对此我不以为然，可日记里也记下了好友对他的向往。两年的日记中，断断续续地，他的名字总会时不时地出现，直到好友背叛了我。直到我从头翻看两年来的日记，我才发觉，他已从好友口中的他变成了我眼中的他。

我们每天都相遇，每天都相视一笑，而我的日记里每一页都有他的名字。他的话、他的笑、他的身影让我心跳，我像别的女孩那样关心起他来。

日子在一天一天过去，日记在一天一天加厚，也在一天一天变旧。

我看了《少女》里的一篇《阳光下的樱花》，我发现樱花很美，但阳光下的樱花不会永恒。我害怕这样的结局。我要逃，我要躲，我要在这一切来临之前结束它。所以，我结束了与他的相视一笑，结束了记了整整五年的日记。

最后，我把日记埋进了不显眼的隔层里，可妈妈翻出来了，翻开了我拿着石头紧紧压着的情感。

翻完了日记，我的泪也干了，我的心恐惧起来，妈妈对我的朋友是不忌口的，万一她说出去了，该怎么办呢？我在问自己，我觉得浑身发冷，刺骨的寒冷。我想到了火，对，把日记烧掉。我起床了，在火盆旁。我一片片撕掉日记，塞进炽热的火盆里，我的心在流血，我想让火盆的炽热赶走我心中泛起的冷，但没用，我的心更冷了，我的心更痛了。

日记烧完了，厚厚的一本全烧完了，但我的心里没有暖，我沉默了。在家里，在学校，我沉默了。朋友说我的沉默可真让人感到窒息。爸爸说我的沉默是在抗议。妈妈最清楚我的沉默，因为她也沉默。

爸爸又去上夜班了，妈妈看着爸爸出门后，叹了口气，洗起衣服。我坐在沙发上，看见的是她的背影。她叉着脚，弯着腰，在水盆边搓洗，她不经意地拂着快要落下的头发，不经意间，我发现她有了白发。我想起，我家是大房子，独自一人的时候，房子里如此空空荡荡；我想起，她是留在家里的主妇；我想起，妈妈很孤独。我懂了，我明白了，所以我在妈妈背后大声地说："妈，我们和好吧！"

从此，我总是在心里对自己说："妈妈是因为寂寞才看我的日记的，我应该多留一点时间陪伴妈妈，让妈妈多看看女儿活生生的就在身边。也许，她就会忘了寂寞，也会慢慢忘了用我的日记填补寂寞的'习惯'吧?"

肖箫

心理点评
XIN LI DIAN PING

闭锁性是青春期的心理特征之一。处于这一时期的中学生内心世界渐趋复杂，不轻易把内心的感受表露出来。年龄愈大，这一特征就愈加明显。由于闭锁性的特点，他们的心里话不愿向父母说，也不愿向老师说。他们常常把心里话写在日记里或向同伴倾诉，因此对他们而言，日记是隐秘一角，是自我的一部分，被人看日记（包括妈妈）是令人难以接受的。对孩子们的这种心理需要，家长应理解和尊重。

有家长说：我是你的监护人，我需要了解你。其实，对孩子们而言的天大秘密，在家长、老师看来未必是什么大事。而家长更应相信自己的观察力与判断力，了解孩子未必一定要看日记。相互信任、相互尊重十分重要，在亲子关系中亦然。

走向独立是现代人的基本特征之一，而拥有个人秘密并能恰当处置是走向独立的要素。对个人来说，秘密往往与责任紧紧相连，并且要独立承担责任。从这个意义上讲，没有秘密的"水晶人"是永远长不大的。

●请听我说，好吗？

青苹果：最近，你好吗？

我：不太好。

窗外很黑，只看见远处的灯光，孤孤单单的，我坐在教室中想看书，但总也看不进。

"今天怎么了？"

"我不知道。"

"高二，离高考一步步近了，你还有时间坐在这儿发呆？"

"我不知道。"……

心中，两种不同的声音冒了出来。

看着同桌忙忙碌碌，看着同学仍埋头苦读，我一下子不知所措，只觉得自己好没用，只觉得心里乱乱的。父母总觉得我在学习上应该努力必须努力、应该进步必须进步。在这种爱的压力下，我满脸笑容，我自强不息，我顽强奋斗……其实，在紧张的高中生活中，我内心好苦，我无助，我脆弱，我感觉我像一不小心就会摔碎的玻璃人。

父母总觉得我只是个小女孩，什么也不懂什么也不该懂。在这种信任的要求下，我不得不小心地保持"天真无瑕"，我甚至不敢争取一份异性的友情……其实，我已领了身份证，我已发觉我情感上微妙的变化。

学业上的苦楚，女孩莫名的情愫，使我好想好想找人聊聊，好想好想有人能以平视的角度听我诉说心中的秘密，也告诉我该怎么办。

"有人"的选择之一是父母，可他们能懂我吗？我敢肯定，答案唯一：不能！青苹果，这是我第一次把这些话说出来，我觉得把它放在心里实在是太重了。

高二，一个需要信心和实力的段落，可我却觉得自己一点信心和实力都没有。

一铭

心理点评
xin li dian ping

"请听我说"——孩子向我们发出了呼唤。随着一天天长大，孩子们的内心越来越丰富，心理资源越来越充足；与此同时，情绪的纷扰、青春期的特殊心情，却让"超我"常常受到"本我"的困扰。

孩子们正处于一个从幼稚走向成熟的时期，内心世界日趋丰富多彩，但又不轻易表露；而心理发展的闭锁性又会使他们容易感到孤独，强烈地渴望被人理解与支持。他们需要倾吐心声，倾诉秘密，得到理解与共鸣，寻找支持。让我们做爸爸妈妈的，做老师朋友的，放慢匆匆行走的脚步，俯下身来，认真地、真诚地倾听孩子们青春之花绽放的声音。

代沟还是鸿沟？

　　小时候，在妈妈的精心呵护下成长。每当躺在妈妈的臂弯里，就像躲进了爱的避风港。那时候，妈妈在我眼中简直就是一位圣洁的女神。时光飞逝，我渐渐地长大了，当我学会用自己的头脑来看周围的一切时，我发现，妈妈也不是我想象中的那么完美。

　　很清楚地记得那是一个周末，妈妈要上街买菜，我拿出一个自己缝制了许久的布袋子，对妈妈说："妈，买菜的时候别再用塑料袋了，现在白色污染很严重，尽一份泉城人的义务来保护一下济南的环境吧！"我满以为妈妈会高高兴兴地答应，却不料她说："哈哈……傻丫头，你的好意妈心领了，可是，哈哈……你也太天真了，白色污染又不是你一个人的事，就你自己省那几个塑料袋有什么用啊，再说那些塑料袋都是白送的，不用白不用，大家不是都在用吗？也没见谁提着布袋子上街啊？别操那么多心了，赶快学习去吧。"望着妈妈远去的背影，我呆呆地站在那里，心里说不出来是啥滋味。这是妈妈吗？这是那个小时候教育我要爱护环境，不许乱扔果皮、纸屑的妈妈吗？现在怎么完全变了个样子。如今连小学生都知道要爱护环境，还开展了各种清理白色垃圾的活动，社会舆论也一再呼吁"菜篮子"、"布袋子"重新回到市场上来，妈妈的思想怎么还会这样落后？怎么还会笑我傻？我真的有些糊涂，不敢相信眼前的事实。可我又不知道该说些什么，只好把妈妈带回来的那一大堆五颜六色的塑料袋收好，来提高它们的利用率，至于那个布袋子，还没有"上任"就"退居二线"当抹布了。

　　还有一件事使妈妈给我的印象大打折扣。那天，她下班回家说起厂里发生的事。那天厂里搞内审，结果图纸保管员那儿有一批图纸没有经过签字，只是在电话里口头传达，并且没有文字记录，就被销毁了，内审员们（包括妈妈在内）给她重重地记了一笔。这样一来，那个保管员就非下岗培训不可了。那个保管员为了保住工作，苦苦央求内审员，而且还让一个上级亲戚给她们施加点压力。于是，大家就对图纸保管室重新进行内审，这一次审查的结果是：一切正常。末了，妈妈还得意地说："反正是公家的买卖，那么认真干嘛？都是一个厂的，抬头不见低头见，少得罪个人，做个人情嘛!"我又一次愣住了，拿公家的买卖做人情？那些图纸若真的被销毁了也罢，万一流入外人手里，整个厂将会蒙受多大的损失?! 那个时候可就不是某一个人下岗的问题了，这个人情做得也太大了吧？我看着妈妈，觉得好陌生，不知说什么好。记得小时候，妈妈告诉我做人要诚恳，要多为社会尽责，要处处为集体着想，可是她做的却和她说的判若两人。我突然有一种莫名的恐惧。

妈妈常说："做人难，做好人更难。"可是好人不是这个做法。妈妈还说："步入社会后要适应它很难。"可是为了适应它，就要学会圆滑世故？我很难想象将来我会怎样适应社会，也不知道将来要改变我的社会是个什么样子。就妈妈这一代人来说，我觉得她们是这个世俗下的牺牲品，社会改变了她们，而她们却没有任何的反抗。这是一件很可悲的事情。到了我们这一代呢？是社会改变我们还是我们改变社会？悲剧会不会重演？

包珣

心理点评

xin li dian ping

代沟还是鸿沟？一个值得我们共同思考的问题。

所谓代沟，是父母与子女两代之间在生活态度、行为方式以及价值观等方面的差异。代沟在任何时代都以不同的形式存在，近半个世纪以来尤为突出、明显。造成"代沟"，既有社会发展方面的原因、年龄方面的原因、阅历的原因、受教育程度的原因，也有心理的原因。其中，心理上的差异是两代人的交往之所以有障碍的主要原因之一，也是引起交往冲突的导火线。在生活方式上，长者们由于长期生活经验的积累和成功、失败的经验教训，可以通过调整自己而适应生活。而青年人总在追求新的东西，不是适应一切，而是想改变一切、创造一切，这便是一种维持与改变的矛盾。在个性方面，长者们自尊心强，自恃阅历丰富，青年人则自信，只相信自己，于是在交往中，一方为了自尊不愿放弃自己的观点，另一方充满自信不愿意听从对方，由固守走向对抗。在认识上的差异就更大了，一个是全新的适应社会发展的思维方式，另一个是从经验出发万变不离其宗的旧的思维方式，两者交往难以出现平衡。

当代沟冲突发生时，需要采取以下态度与方法：（1）接纳；（2）融洽；（3）折中、搁置；（4）求同存异，形成共识，取长补短。

从包珣的文字中，我们看到的不仅仅是代沟冲突，更有作者批判性思维的展现和比她母亲更进步、更脱俗的观念，从中可看出社会的变迁与进步。

接受？ 不接受？

今天，R突然问到我衣服的问题，随即他说送你条裤子吧？我一惊："为什么会是我？""因为我觉得你穿比较合适。"

我笑着避开他的视线，不置可否。一时间，脑子很乱，似乎怎样也搜索不到经过思维严密筛选过的字符。却几乎是自然而然的，我想到了

Q——那个曾经熟悉的男孩，又几乎是迫不得已的，那个尘封的故事随着一句"你穿比较合适"而浮现眼前。

同样的初秋，同样的无所适从，一切都是因一双跑鞋而起——只因上星期我对着那双跑鞋说了声"好漂亮"，这星期Q便拎着那双"好漂亮"执意让我收下。当然，我和他非亲非故，充其量也不过是同班一年的好朋友。无论如何，是构不成让我欣然接受礼物的原因的。于是，连同那张"希望它能适合你"的条子，原封退回。我不清楚这究竟伤了他多大的自尊心，只是以后的日子他便没有再理过我。我觉得自己有些无辜，却也不知到底还能做些什么。矜持，让我对此无能为力。

几周后的一天，无意间看见邻班一女孩穿着双同款跑鞋，一开始我并不在意，后来听朋友说，最近Q和她甚为亲密，才隐约觉得心里酸酸的。我知道自己还在乎他，可是现在这样未免也太自私了。面对他，我已无话可说。而许多个深夜，面对我自己，却真的有些困惑了：我拒绝的不只是一双鞋吗？怎么会连曾经的友谊也一同抹掉了呢？我拒绝的不是一份不该接受的感情吗？为什么还会有如此茫然若失的感觉呢？我究竟该接受什么，又不该接受什么？

时过境迁，两年了，我与Q至今仍没有联系。诚然，我和Q都是那种很固执的人。所以直到今天，如果没有R，他还被我埋在记忆的角落；而我，也许早已消失在他的记忆之中。当我面对几乎同样的事情时，禁不住要埋怨上苍的捉弄，但同时，我想通了：其实谁也不会在乎一双鞋或一条裤子，关键的是，这件东西传达的将是怎样的一种信息。我对R说，这裤子留到明年我生日时再送好吗？其实我想说，希望这份对裤子的承诺变成对友情的承诺；希望我们的友谊至少能维持一年；希望你知道，明年生日的时候，我一定会记得你——不仅仅是因为那条裤子。

R一脸愕然："啊?！你还真要啊！"

若贝儿

成长的烦恼

若贝儿：

你说得很对。礼物其实并不重要，关键是它所承载和传达的信息。了解到这一点，说明你已经在长大了。

与人相处，需要一些社会认知与社会技能。慢慢地我们会发现，在交往的过程中，学会接受与学会给予同等重要。因此，既不要因顾虑过多而失去获得友谊的机会，也不要因判断偏移而使交往不妥帖，这还需要生活的磨炼。

学会给予，学会接受，学会交往，将是我们的必修课。

一次温暖的失败

粗粗看一遍书，算是吃宽心丸。明天的月考情况不容乐观，邻班杀出一匹黑马，直逼我的霸主地位。班主任已经三番五次暗示我夺回第一把交椅，可是我却无心恋战，心淡如水。知道老师最后的杀手锏是叫家长，此招一出，我将信誉扫地。怎么办？在这样焦急的心情里，我竟然睡着了。

我做了无数乱梦：考场只我一个人，没有钢笔，好朋友大林从窗口看着我笑，我气急攻心，拿起试卷扔他，这时监考来了，竟是同桌容子，她饶了我一马，我却因没有试卷而无法答题。

第二天醒来，天已大亮，我抓起书包冲进考场。

结果可想而知，这次的惨败比起上次的期中考试真是有过之而无不及。回去的路上，大林和容子一直在对题，说得我心浮气躁，两科没考好，明天还有数学、物理、政治、地理。啊，怎么办？

到家里，妈妈正在厨房做饭，她递给我冰糖银耳汤，我心里有愧，只好低头去房间温书。妈妈见我如此听话，想必已猜到大半，她说："胜败乃兵家常事"。

考试终于结束的时候，我的雨季也到来了，心情沮丧，我开始独来独往，像一只孤芳自赏的北极熊。朋友们知道我伤心，也都知趣不来打扰，就这样挨到了月榜发下那天。

我被耻辱和恐惧折磨，不敢回到学校，就这样到街上转了一圈，可我发现除了学校，几乎没有我立足的地方。于是我又回来，政治榜单已经出来了，贴在黑板上，我看都不敢看，径直走到教室。

刚坐下，大熊立即探过头来骂我："你这个撒谎精，得了第一还装蒜。"我吓了一跳，然后，我慢慢回过神来，难道我已出神入化，练就了金刚不坏之身？面对考糊这样严重的事，也能逢凶化吉，悲极生乐不成？

"你政治130分！"容子说。

我心花怒放了，开心得眉梢眼角都在颤抖。

然而这时，我突然看到了我妈妈出现在教室门口，我想一定是我的好成绩使得妈妈被老师请来共同分享。我挥挥手，信步走出了教室，颇有几分范进中举的潇洒态度，却见妈妈的脸色沉沉的，老师也在一旁做痛心状。妈妈拿着一张政治试卷，我看到上面的成绩是130分，没错啊，可是妈妈却说："单科第一也不用这么高兴吧，你看看你别的那几科？"

这时我才恍然大悟，老师递过来总成绩表，只见我的名字，已经从第一名跌入20名，摔得鼻青脸肿，我低下了头，痛不欲生。

然而，妈妈和老师却没有责备我，她们反倒安慰起我来，似乎我得了低分根本不是我的错，而是因为她们才这样的，这使我的惭愧又加深了一层，我没想到大人原来比我想象的要好这么多。尤其是老师对妈妈说的一句话："小孩子总会有出错的时候，再给他机会。"

成功时自然有光和热围绕，失败时，我们更需要温暖。

谢谢你们。

温雨

心理贴吧 xin li tie ba

温雨：

你的署名很特别，让人有一种暖暖的清新的味道。正如你所经历的事情一样，虽然曾经跌倒，但拥有了爱和鼓励，依然能够坚强、勇敢、乐观地前行。

当遇到挫折时，周围的支持力量是否发生作用，结果大不一样。正如考试失败时获得了关心、温暖、安慰与支持，使你建立自我同一性，勇敢找到了自己，承担起自己的义务。这些积极的影响是一个人走出失败阴影的关键所在。减轻了压力，增加了信任与信心、动力。

我们正是在解决这一系列的冲突和矛盾中，人格得以发展，心灵也得到了强大。

第 五 章

雨季若再来

雨季，该是一个多梦的季节。逐渐长大的我们，走入了属于自己的年龄阶段。我们有了自己的想法、有了自己的朋友、有了自己的情感，一切都是那样朦胧、新奇和美妙……难怪有位诗人写到：雨季若再来一次，愿用全部的热情去交换。

进入青春期，随着生理上的逐渐成熟，我们都会出现接近异性的美好感觉，甚至会对异性产生朦胧的情愫，它似乎比任何以注一个年龄阶段的交注更为敏感，更难把握。而同时，由于学习成绩和升学的压力，也会给我们的情绪情感带来一定的影响。

雨季里的你，会不会和下面这些同学一样，有相似的经历和烦恼呢？——

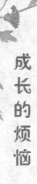
两难时刻

像我们这个年纪，家长和老师最担心的莫过于早恋。其实我自己也怕，因为我怕我不知道该如何处理这些事，但是冥冥之中我又对此有着强烈的好奇心和一种不自觉的冲动。

有一件使我这一生都后悔的事，我一直忘不掉。记得初一的时候，初三的大哥哥老来找我们初一的小妹妹。我有一个好朋友，因为漂亮而被选中。由于我和她形影不离，因而也有人对我表示好感。而我那时是很反感这些事情的，因此都被我坚决地拒绝了。然而不久以后我就后悔了，因为我对此的好奇心从此一发不可收拾。

正当此时，我同班的一个男生向我表白，结果不用说，我欣然答应。我们很"投入"，关系一直很好。现在回想起来自己都觉得不可思议。真的不知道我那时候脑子里究竟在想些什么，说不定是一团糨糊。上课我经常走神，作业也是一团糟。直到我的成绩一落千丈，才如梦初醒，果断地结束了这件荒唐的事。

其实现在仔细想想，我并不喜欢那个男孩子。之所以会那样，完全是一时的冲动。虽然现在的冲动不比当年，但还是有的，听到别人议论这些事，还是会有像触动到神经那样的感觉。

直到现在，我父母都不知道这件事，他们一直以为我是一个乖孩子，我一直很内疚。

人们说，一朝被蛇咬，十年怕井绳。可我就是吓不怕，现在又有了一件麻烦事。初一的时候，还有一个男生喜欢我，而他却一直没有说，我也一直不知道。在初三的时候我们还建立了深厚的友谊。

但是现在，他向我表明了心意，我竟然很感动。我认为喜欢一个人整整三年是很不容易的。但是我又不能答应他，因为那样的话，我的成绩又会向下掉，高中可不比初中，开不起这个玩笑，再说我也不能拿我的前途开玩笑。

我该怎么办呀？我也搞不清楚我是不是喜欢他，好像是蛮喜欢的。放弃吧，我又舍不得；接受吧，理智告诉我不可以。我考虑了很久，想找到一个一举两得的办法。

如果我读书的时候不和他接触，在假期里来往，可以吗？

袁姐

心理贴吧
xin li tie ba

袁姐：

你的文字中流露出对未知感情的向往，又流露出作为一个高中生的担心。这些都是很难能可贵的。看得出来，你是一个情感丰富、心思细腻的女孩子。

我想对你说的是：情感需要，特别是两性的情感渴望，是处在花季年龄的少男少女们最重要的心理内容之一。它能装点生活，充实心灵，使多彩的青春更增添一些梦幻般的诗韵。但是如果处理不好，也会给我们带来一些不必要的烦恼。从你的文字中不难看出，第一段感情经历是由于对"爱情"的好奇心，而变得很"投入"。给人的印象是，你和他相处的原因是因为好奇心的驱使而产生了需要一个男孩子来陪你的想法，这显然不是真正的爱情。只是我们的心理还很年轻，是一种"假性"爱情的表现。

而第二段感情则明显要比第一段感情来得理智些，一方面，你考虑到了以往的"经验教训"，另一方面，又为后一个男孩子三年来的执著所感动。我们显得更成熟了，不是吗？但要知道，爱情和感动也是不能画上等号的，为了去补偿他对你所付出的感情而与其相处，不一定能够得到真正的幸福和爱。你试着问问自己：真的了解他吗？他真的适合你吗？你真的能只在假期里与他相处吗？如果只是为了一时的感动而放弃了努力学习，并不是很值得的。

侠客的困惑

就像古龙笔下那位《多情剑客无情剑》主人公那样，看上去极其冷酷的人，其实却往往有着非常丰富的感情。我也许就是那类人中的一员。平时的我总喜欢一副冷漠的样子，脸上几乎是常年不见笑容，再加上我是天秤座的，所以一直说自己：冷酷无情，铁面无私。因此尽管高中里流行谈恋爱，但那种绯闻却始终没有与我沾过边。然而实际上，我的心不但不是冰块，甚至可以说是一团烈火。我们这些人，都是十八九岁的青年，若说心里没有一个美丽的身影的话，那么这个人一定是有些问题。

也不知道因为什么，进入高三以来，我对一个女生产生了爱慕之情。从那以后，我便生活在矛盾交织的痛苦之中。

可能因为这是我第一次对女生有了感觉的缘故，虽然没有像小说或电视剧里爱得那么轰轰烈烈，但我以为至少也有了那种至死不渝的味道。只要那个女生开口，不论她的要求多么难以办到，我总会竭尽全力，尽量办好。我非但不觉得累，反而会因为自己能够为她办事而开心不已。

可是另一方面，理智告诉我，恋爱的代价不是我可以承受的。沉重的学业早已经压得我喘不过气来，如果再分心去谈恋爱的话，后果不用说我也可以预料到。别人惨痛的教训时刻提醒我不能那样做。可是暗恋别人的那种痛苦又使我无法忍受。好几次我都想鼓起勇气向她表白，可是脑海里那仅存的一份理智却每每在关键时刻提醒我。

在爱情和理智面前，我第一次感到了困惑。我不知道是应该安静地走开，还是应该勇敢地留下来。也许在心中留下一个美丽的身影是我最好的选择。

宋佳

心理贴吧
xin li tie ba

宋佳：

武侠小说中的主人公，如果想要有一番大成就，必然要经历一番磨炼，才能变得成熟和强大起来。从不谙世事的毛头小子到侠肝义胆的一代大侠，不仅仅是武功境界的提高，更是心灵成长与强大的过程。而你现在就在这个过程里，不是吗？

看得出来，你对自己目前的状况有着清醒的认识，知道应该怎样做却下不了决心。需要表白吗？如果认为需要向她表白，自己却由于理智的存在而没有表白，那就会产生心理冲突，影响学习生活的平静。如果鼓起勇气去表白，结果又会怎么样呢？第一种可能就是她拒绝了，这样就会对自己的自尊心造成一定的伤害；第二种可能是她答应了，虽然会有甜蜜的感受，但是却会影响你正常的学习生活状态。

还是让心中的爱淡一点，模糊一点，留给自己一份纯真的回忆，而不要过早地去破坏它。过几年再回头看看，细细品味，就会知道今天的抉择是否值得……

宁愿不要长大

我注意到她已经很久了。她很特别，有种与众不同的气质。我的目光常常会随着她的身影而随时变换角度。我常想，这样的女孩，如果用"一朵风中摇曳的玫瑰"来形容，那是再恰当不过的了。

渐渐地，我发现自己变了，变得像一只指南针，每天总是把目光指向她走来的方向。有时候，我会盯着她看很久，她可能感觉到了，因而不好意思地低下头，加快步子走出了我的视线。这时，我的心里就会产生一种莫名的失落感。我的心里常常会由于她的出现而泛起阵阵涟漪，而同时，又会由于她的消失而逐渐恢复平静。难道她是我内心天秤的砝码？她真的对我心态的平衡有这么大的作用吗？难道这就是……

"哪个少年不钟情，哪个少女不怀春"，我知道，我这种不平常的情愫，并不能称得上是爱，这可能是每个花季雨季的少男少女都有过的感情经历。可是，我发现要跳出这个感情的圈子是十分不容易的。我总是要努力地克制自己的感情，警告自己再这样下去后果可能会很严重。可是，每次一看到她那熟悉的身影，我的心理防线就被彻底地摧毁了，她已经在我的内心里留下了不可磨灭的烙印。我常常幻想在我开心的时候能和她一起分享，失意的时候她能够在我身边安慰我。但当我明白这一切不过是我美丽的愿望时，我又会陷入深深的痛苦之中。

就这样，我承受着学业、处世以及青春萌动这三重压力。在重重压力之下，散步和写日记成了我最好的消遣和发泄的方式。我喜欢一个人独自在静谧的公园里散步，可不知道为什么，我总觉得天空是阴沉沉的，而我的内心更是灰色的。我不明白，为什么原来开朗活泼的我会变得这么郁郁寡欢，难道这就是长大吗？难道长大就必须要付出这么大的代价吗？

果真如此的话，我宁愿不要长大……

孙益

心理贴吧
xin li tie ba

孙益：

真为你出色的文字功底感到高兴，如果可能的话，你以后会成为一个很有文采的人。

的确，在成长的路途中，我们会遇到各种情感问题，"爱情错觉"就是其中的一种典型现象。所谓的"爱情错觉"，是指受到对方言谈举止的迷惑，或受自身各种主观体验的影响而错误地主动涉入爱河。"爱情错觉"导致一厢情愿的单恋，俗称"单相思"。单恋者固然会体验到一种深刻的快乐，但更多的则会体验到情感的痛苦，因为自己无法正常地向对方表明。而这种痛苦和快乐的交织是无法轻易向人诉说的，倾诉的对象只有自己和日记本。在这种情况下，常常会觉得自己的周围一片灰暗，看不到未来，甚至会产生宁愿回到无忧无虑的童年时代的想法。

仔细想想，成长难道真的那么可怕吗？答案当然是否定的。首先，处于高中阶段的我们，思维发展经过了从经验型向理论型的过渡，智力活动的"内化"程度越来越高；遇事常常自己琢磨，凭借自己已有的知识和能力，去应付从前自己无法独立应付的现实。其次，由于生理上发生的一系列明显的变化，必然引起新的情感体验。同时意志发展又使我们的情感发展具有很大的文饰性，不想说的、不愿讲的就关在心里，能够自主地控制自己的思想闸门。

在这种情况下，看上去活泼开朗的人会变得郁郁寡欢。但是，心灵之窗并不是对所有人都关闭了，只要你愿意向有相似习惯、共同兴趣、相同价值观的人敞开心扉，你会发现天空依然很湛蓝。

逝去的美丽

心常常跳得很快，又突然很慢，脸有时通红有时煞白。口很干，想喝水。每当这时，我就偷偷地一个人坐下来，借助于一点什么抵住整个身体，悄悄地把脸藏进臂弯，等待着翻涌的血液平息，异样的心跳恢复平静。其实我很害怕！但我总是安慰自己：应该没有什么的。可每次突来的异样的疼痛困扰我的时候，我又开始害怕起来，很慌，很着急。等那一阵子过去了，一个人便如释重负。这时我会跑到镜子面前，冲着自己笑一笑，因为我很想看看自己的脸。

其实，每面对那一次次的疼痛时，总是很希望有个人在我身边，让我的心灵有所陪伴。也许那样，我就不会很渴望看到自己的脸，也不会害怕到手足无措的地步了。但终究是没有那样一个人的，虽然曾经有过。我很清楚，我这样一个人是没有资格凭那一点自以为纯真的感情去换取任何一点疼惜与爱怜的，我认认真真地告诉自己：应该自己疼自己！事实上，谁又能够做我的港湾呢？虽然身边也有朋友的关怀，但是自己的路始终应该是自己一个人走的。曾经以为他的胸膛最宽阔，他的肩头最温馨，但是现在我知道，不是。因为我不能永远依靠别人生活。绊倒了有人抱的小孩，永远也不懂自己爬起来。依靠别人生活的人，永远也不懂得自立。

走出了没有他怜惜的悲哀，我开始心疼自己，善待自己。胸口仍会时不时地疼痛，我总是很小心地坐下来，为了不让别人发现，我不再像以前那样呻吟，我开始试着一声不吭，但我会对着镜子给自己一个灿烂的笑容，给自己一个很大的信心。

后记：

正值豆蔻年华，血气方刚，校园里免不了会有一些"对对儿"。而我，也因为他的一句"你是第一个让我敞开心扉，将自己展现在你面前的人"而开始了一段所谓的爱情。但同时，成绩也有所下降。于是，一句"应该把感情放到四个月以后"又结束了这段闪电般的感情。作为一个感情细腻的女生，开始我很不理解他的做法，甚至有些恨他。但是，随着高考的日益临近，我终于走出了迷途，开始全身心地投入到高考复习之中。其实，我很感谢他，如果他有机会看到这篇文章，希望他能听到我的一句肺腑之言：谢谢，我们还是朋友！

朱娟

心理贴吧
xin li tie ba

朱娟：

相信现在的你，应该在信心满满地准备最后的复习，冲刺自己的未来吧！

被人拒绝是一件很痛苦的事情，情感得不到回应，付出得不到认同，往往对人的打击很大。如何减少这种痛苦，关键在于要学会做自己感情的主人，而不能做感情的奴隶。对于失恋的积极态度就是升华。历史上歌德、拜伦等一些大作家，都是在感情受到挫折后将精力转向自己喜欢的领域，从而创作出伟大的作品。在高三这个人生的关口，我们需要把这种痛苦上升为奋进的力量，因为我们的取舍在一定程度上决定了我们的未来。这是对意志力的考验，也是对自我的一种重新认识。

当我们走过黑色六月，迎来灿烂明天的时候，就会知道美丽并未逝去，真正的爱是掌握在自己手中的，未来会有一份更加美好的爱在等待着你。

心底的呼唤

墙上的挂历，以秋风扫落叶的速度，飞散得无影无踪。再过几天，我将面临人生的第一个转折点——中考。偏在这时，我与惠捅破了那层隔膜，进入了早恋的开端（反正妈妈是这样想）。

一天，惠兴奋地打电话来，说中考成绩已经揭晓，我被重点中学录取了。而惠，沉默了许久才告诉我，他只考上了职中。我明白惠，明白他那一刻的心情，有笑，也是苦涩的。从那一刻起，就结束了我们同窗的生涯，结束了我们朝夕相伴、共同晨跑的路程……

毕竟，知己难得。进入高中以后，我和惠保持着书信来往。在信中，我们总是互相关心学习情况，总是相互安慰学习的疲惫。但是，我的成绩很不争气，一落下去以后，总也上不来了。我感到了从未有过的苦恼。

每个星期天，惠总在车站等我，然后我们一起上学。每次，我一见到他，就想把一星期来所受的委屈统统告诉他，而每次，他总是听得那么认真，还不停地安慰我。此时，我总觉得他比爸爸妈妈都好，真是友情比亲情更胜一筹。

转眼，高一就这样稀里糊涂地过去了。不知怎么的，惠好像意识到什么不对劲似的。有一天，他对我说："以后，你好好学习，我不给你写信了。"我有些发愣，他又说："不过，我每个星期都会打电话给你的。"

于是，每次到家以后，我总是呆坐在电话机旁，静静地等着电话。可是这样，妈妈就看出什么苗头来了。一开始，每周总是能够接到惠的电话，次数多了以后，妈妈也接到了，并且告诉我："以后和男生少接触，要认真学习。"妈妈的话，我一开始就当成耳边风，反正无所谓。可是家长会后，我才醒悟过来，自己的成绩落到了何种地步。

父母之望，不能辜负；知心朋友，不忍舍弃。面对父母的哀怨，我只能偷偷流泪。考虑了许久以后，我才鼓足了勇气，打通了惠的电话。从那以后，我便再也没有见过他。我对他撒了一个善意的谎言：让我们高中毕业以后，再联系，好吗？

事情虽然已经过去一年多了，我的心却总也不能舒展，总是觉得对不起他。我好像默认，是惠影响了我的成绩。我很想和他说一声对不起，但是却发现我连这点勇气也没有。我根本无法面对惠，面对他那双纯洁的眼睛。

我感到特别的无助，也感到无奈的沮丧，为什么要以成绩来衡量人呢？难道成绩不如意的人，就不能有异性的知己吗？这是什么道理啊？简直太不公平了！

谁能告诉我，摆在我面前的友谊，我应当如何处置呢？面对父母异样的眼光，我又该如何呢？这样的话，我会平静下来吗？

王晓燕

心理点评
xin li dian ping

众所周知，异性交往是人类社会生活中不可缺少的重要组成部分，异性交往在个体成长历程中的各个阶段都是必不可少的。中学生心理萌发的异性吸引是性心理和性生理走向成熟的必然结果，是一种正常的自然表现。人际交往间的感情是丰富而微妙的，在异性交往中获得的情感交流和感受，往往是在同性朋友身上寻不到的。对中学生而言，异性同学之间的正常交往不仅有利于学习进步，而且也有利于个性的全面发展。

但是，在中学时代，异性同学关系仍然是一个颇为敏感的话题。如果男女同学之间的交往处理不当，也会影响和妨碍中学生的学习和身心健康，带来情绪和行为上的困扰。异性同学过于频繁地单独交往，往往容易超越普通交往的界线而过早萌发出对异性的情爱，所以，父母、老师也会由于考虑到这些方面的因素而干涉异性朋友之间的交往。因此，异性交往的程度和方式要恰到好处，应为大多数人所接受，既不因与异性交往而过早地萌动情爱，又不因回避或拒绝异性而对交往双方造成心灵伤害。当然，要做到为大多数人所接受有时也并不容易，只要能做到自然适度，心中无愧，就不必过多顾虑。

初恋那些事儿

"早恋"这个名词对于我们是一点也不陌生的，三天两头都能从同学、家长、朋友甚至老师那里听到有关此类的事。

我们中的大多数人都认为早恋这种说法是不正确的，因为它包括的范围太广了，大人们常常把异性之间的正常交往也归为其中，这就使得我们无法理解。其实我们并不是像大人们所想象的那样，我们从来也没有做过什么越轨的事，只不过是两个人能够说到一块儿罢了。现在的学习越来越紧张，高考的竞争也日趋激烈，生活在学校、家庭和社会三重压力下的我们渴望理解、渴望沟通。异性当然也就成了最好的倾诉对象。因为同性之间，从思维方式、行为习惯以及价值观等方面都十分的接近，而异性之间对同一个问题常常会有不同的见解，因而可以相互补充、相互借鉴。

家长们总是把这种所谓的"早恋"视为我们的禁区。有时候，男生女生在一起，并没有什么早恋的意思，但是家长们总是不问青红皂白，一通严防死打，给我们带来了很大的压力。就这样，我们的逆反心理开始起作用了，家长不让做的事偏要做，以此来表示自己的不满和反抗，时间长了就弄假成真了。我们中的有些同学，看见别人和"女朋友"在一起，自己也就想找一个，以示自己不甘落后，紧跟时代潮流。

出现这种情况，老师和家长绝不能采取强硬办法，如果那样就可能会适得其反，但也不能放纵不管。

初恋的感觉是美妙的，但不是你现在就能完全体会得到的。

佚名

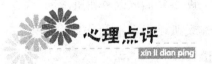

心理点评

男女同学之间交往的好处可以表现为以下几个方面：

首先，智力方面。男、女生在智力类型上是有差异的。男女生经常在一起互相学习、互相影响，就可以取长补短，差异互补，提高自己的智力活动水平和学习效率。

其次，情感方面。女生的情感比较细腻温和，富于同情心，富有使人宁静的力量，男生的苦恼、挫折感可以在女生平和的心绪与同情的目光中找到安慰；而男生情感外露、粗犷、热烈而有力，可以消除女生的愁苦与疑惑。

最后，个性方面。只在同性范围内交往，我们的心理发展往往会狭隘，远不如既与同性又与异性交往更能丰富我们的个性，这样可以使差异较大的个性相互渗透、互相弥补，使性格更为豁达开朗，情感体验更为丰富，意志也更为坚强。

我们的家长们还要看到，青少年在心理成长过程中反映出的言行，绝大多数是正当的、合理的。男女学生的来往，都是青春期的反映，是学生长大、成熟的标志。这是学生自我心理的体现，是正常的、无可挑剔的。对于早恋，不能过早地下定论，更不能把男女学生的正常交往视为"早恋"，否则就会适得其反。尊重孩子是教育好孩子的前提，尤其是对孩子青春期所出现的种种问题更需要双方的沟通和谅解。

最近有点烦

到了高三，学习气氛明显比高二好了许多，而同时作业也多了。一天要做很多张卷子，心里总是有点烦。整天趴在桌子上写作业，脑子里只有作业，要是碰到难题，我可能会把试卷一扔，不做了。

也许是学习太紧张了，因而表情总是不能放松，脾气也变得有些烦躁，动不动就会和同学争吵起来。头脑不能冷静，有时候会往极端上想。不经意之间会有一种想放弃的念头。有时，不想做任何事情，只想静静地坐着。遇到不顺心的时候，常常会有想砸东西的冲动，或者和同学大吵一架、迁怒于他人的念头。总之，脑子里的弦绷得紧紧的，就怕有一天超过了一定的限度，这根弦断了。

也许是对自己的不自信，我常常认为自己不如他人。但我也很坚强，不肯服输。所以我经常会很矛盾地定一些不切实际的目标，需要努力时，却变得懒惰，力不从心了。

最令我头痛的就是考试。不知道是什么原因，我每次考试都不如人意，平时都做得挺好的，关键的时候却不行了。这其中的原因我总是不懂，这也是我最迷惑的地方。唉！我该怎么办呢？

沈晓华

心理贴吧
xin li tie ba

晓华：

有人说，人到高三，三分像人，七分像鬼。虽然说的有些夸张，但临考时，整个人的情绪的确会上下波动。这不是个别人的情况，而是在绝大多数学生身上都能看到的。

高考前一定程度的紧张或焦虑，属于正常现象。适度紧张可以维持神经系统的兴奋性，增强学习的积极性和自觉性，提高注意力和反应速度。在考试及其准备过程中，维持一定程度的紧张是有必要的。但是我们也要认识到，紧张的动机和学习成绩是呈"倒 U 形曲线"的，过强的动机表现为高度焦虑和紧张，反而会引起学习效率的降低。

对你而言，高考是一种检验，同时也是一种挑战，但并非是超越自身极限的。对待高考的态度，最终还是由你对自身的要求所决定。接纳自己、尊重自己，就会产生适度的、合理的、实际的要求。同时，面对考试，我们需要有积极的心理暗示，也就是要有充足的自信。自信心的增强，来源于扎实的学习积累，来源于平时点滴成功的记录。所谓成功，可以是在任何方面的。一点小小的进步或成效都可算作成功。可以以任何一点点的成功慢慢向外扩展，自信心也会随着一点一点地增加。要用足够的自信来打消一些消极的心理状态，用放松的心态、良好的心境和稳定的情绪走过高三。

变化中的困扰

现在的我终于相信不同的环境能够造就出不同的人来了，过去的我一直坚信人的性格是与生俱来的，很难改变，然而现在连自己都变了许多。

在重点中学里，大多数的人都是尖子生，你在其中，或许只是沧海一粟，渺小得很，不会像以前那样，即使你考砸了，至少还是比上不足比下有余的。于是你可以拥有自信，拥有快乐，老师有事会找你帮忙，同学有问题会向你请教，到处可以看到自己存在的价值。然而现在，自己的不优秀，自己的碌碌无为，会使自己感伤，会使自己自卑，于是变得不爱说话，只喜欢一个人呆呆地望着远方。想想过去，自己的眼泪就会不争气地掉下来。回忆这三年的高中生活，即使是班级里的活动也很难有表现自己的时候，即使有那么一两回，也会因为长期的不自信而变得心慌起来，甚至开始怀疑自己的能力。到最后，老师的评语会这么写："该生文静内向。"天晓得我看了这些话之后是什么感受，反正是非常的失落。当今的社会，是如此的竞争激烈，而我却是如此的与社会格格不入，难道注定要被淘汰吗？

我不甘心，我也试着一次次给自己打气，然而一次次地被淹没在人群之中，只因为自己不如别人优秀，只因为自己常常被忽视……我

也不想这样，但人总是要长大，总是要面对现实与未来，只是高中生活的不如意这个阴影我已无法摆脱，我只是借此发泄一通，也算是一种释怀。

佚名

心理点评
xin li dian ping

从初中到高中，是一个飞跃，在这个过程中，由于种种的适应不良或者心态调整不良而导致的情绪问题是很多见的。自卑就是其中一个比较集中的问题。其中由于学业成绩的下降所造成的消极的自我认识又是最为常见的一种。自卑是一种因为过多的自我否定而产生的自惭形秽的情绪体验。在人际交往中，主要表现为对自己能力等自身因素评价过低，心理承受能力脆弱，经不起较强的刺激，谨小慎微，多愁善感，常产生疑忌心理，行为畏缩，瞻前顾后等。

青少年由于知识经验的不足，在面对失败时往往找不到恰当的方法排除自卑感和挫折感，结果出现恶性循环，失败导致自卑，而自卑又继续导致失败。要知道，在漫长的人生道路上，一帆风顺是不可能的，挫折和失败是必然的。对此保持平常之心，就不会在感情上产生大的波动了。尤其是原来很优秀而现在成绩平平的学生，在学习努力的同时，更要学会给自己减压，建立符合自身实际情况的"抱负水平"。"抱负水平"是指个体将某件事做到某种程度的心理需求。它不能定得过高也不能定得过低，必须要符合自身的条件，不能一味地把过去的标准作为永恒的标准，把自己困在其中。另外，要学会对自己作出公正的全面的评价，不要死盯着自己的短处，背上一个沉重的包袱；要善于挖掘和发展自己的优势，以补偿自己的不足。

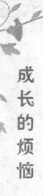

我的忧愁和快乐

中学时代，正处于灿烂的时期，既有欢乐，又有忧愁，对于大多数人来说，中学时代是快乐的，可对于我来说，忧愁大于快乐。

在小学六年中，朋友很多，几乎没有什么忧愁，每天和朋友一起有说有笑。然而升入中学后，朋友虽然很多，但很好的却寥寥无几。这还不算什么，最使我忧愁的，就是学习方面的问题了。中学时初一第一学期期中考试，我在全年级排了第二十三名。这可在我的意料之外呀。凭小学的学习基础，拿前二十名应该没什么问题呀，怎么会这样呢？这让我十分失望。回到家，爸爸、妈妈并没说什么打击我的话，还再三鼓励我。在这学期期末考试我的成绩又下降了，我很是懊恼。爸爸突然变了，在暑假时，总说我整天就知道玩，不知道看书，让我感到连玩也带着压力，真让人倒胃口。看了半天书，就连刚才看的是什么都不知道，能看进一个字就不错了。每当这时，我就会想起小学时光：每逢我拿着成绩单回到家，无论是优异的成绩，还是不理想的成绩，爸爸从不责怪我，给我的大多数都是一些鼓励的话，让我没有包袱，没有压力，想玩就玩……而现在，我想让玩把这一切忘掉，而爸爸却如此不了解我。有一次，因为玩得时间过长，爸爸就说："你看人家×××，天天在家学习，再看看你，将来看你考哪儿。"这一番话，让我大吃一惊。爸爸认为，天天抱着书本的人就能考个好学校。人生要活得快快乐乐，学生虽然以学习为主，但也要放松一下嘛。真不知爸爸是怎么想的。他的转变是那么快。我知道爸爸为我好，希望我考个好学校，真是应了那句老话：望子成龙，望女成凤。

忧愁，每个人都会有，只是程度不同罢了。快乐的人不可能没有忧愁，而对于我这个忧愁大于快乐的人来说，会尽力把忧愁化为快乐，让快乐大于忧愁！

王文亚

心理点评

心理学家认为，人类个体要达到身心和谐，就必须完成心理整合过程。它至少包括这两个环节：第一，持续性环节。通过这个环节个体能意识到现在的我是由过去的我发展变化而来的，现在和将来的我与过去也有连续性。第二，统一性环节。意识到自己是一个各方面统一、协调的整体。

一般认为，个体要到25岁或更晚些，才能完成这种整合，达到心态的平衡与稳定。

伴着生理上发生的巨大变化，初中生在心理整合过程中会出现暂时的混乱，使他们不能很好地接纳自己，消极情绪出现、增多。

"我"的忧愁全部符合初中生的消极情绪特点：

1. 要好的朋友"寥寥无几"。由于交友能力滞后于交流愿望和个人对此体验强于小学阶段而致。

2. 学习困难而致烦恼。与小学相比，中学学习内容广、多，要求方法新、有效、多样，适应变化能力不够，带来烦恼。

3. 与爸爸关系不如小学时，"我"感到父亲不如原来理解"我"，甚至还阻止与干涉，不融洽的气氛开始出现。

这些消极心境，正是初中生的一个特点，虽也有积极的心境，但消极成分确实占有很大比例，所以特别需要悉心指导和帮助。

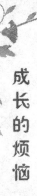

班长的眼泪

这是我上任（当班长）后的第一次体验，我原本是很兴奋、很快乐的。为了组织好班里的集体活动，我问了许多有经验的人，请教有关这方面的知识，加上班主任对我莫大的支持，使我充满了自信，于是我日夜盼望着这一天的到来。终于，扫除的铃声响了，但开头并不很顺利。由于一些同学忘了带工具，只好采取"合二为一"的方法，这就大大降低了劳动效率。分工完毕后，同学们开始奋战了，看到这热火朝天的劳动场面，我欣慰地笑了。可命运实在太能捉弄人了，明明知道今天我将会失败，还在这时引我开心。

接下来的戏更糟糕：教室里尘土飞扬，依稀可见的只有几把黄扫帚在来回摆动，看不见人影，耳边传来的只是阵阵呛人的咳嗽声。不光是这，"班长真偏心，让别人干轻活，把咱们扔在尘土里置之不理，咱们又没招惹她，真讨厌……"刺耳的话语如锐利的剑一般直戳向我的心。接着，我的心一沉，哦，听错了吧，这怎么可能呢？瞧，玻璃擦得多干净，可是，那声音还是回响在耳边。此时，我的眼里不由得蒙上了一层阴影。然而，不幸的是，阴影在不断地扩大。随着放学铃声的响起，扔来了几把扫帚，人呢？早已脚底抹油——溜了。我飞快地来到校门口，扯着嗓子喊，想叫住他们。结果却没人理我，反而投来了嘲笑的眼光。

我强忍着泪水跑回了教室，可教室里已是一片狼藉：窗户一扇扇整齐地敞开着；扫帚无秩序地横躺在地上；尘土肆无忌惮地乱飞着……"喂，放学了，别对教室依依不舍的，快走吧!"不知是哪位"好心人"的"亲切"话语。记不清我是怎样回家的，只知道回家后我伤心地哭了。我，第一次经受了当班长的失败，第一次感受到了不被人理解的那种苦涩的滋味，眼泪悄悄地流了下来。

那一晚，我失眠了……

王海平

心理贴吧

海平：

我非常理解你现在的心情。作为班长，你第一次组织大扫除活动，想把这次活动完成好，可结果是又累又不被人理解，感到很委屈，是不是？

我想，作为班长，组织活动、干工作遇到一点挫折，应该是再平常不过的事情了。之所以会委屈、流泪、失眠，是因为你认为自己能力不够，没能完成心中设定的目标而致，使你感到失败、沮丧、痛苦。

挫折是中学生生活和学习中常遇到的问题。这里，我们可以采取一些积极的心理防御机制，例如，幽默、认同、补偿、升华等方法，提高对待挫折的耐受力，增加内心安全感。

找一个时间把你的想法和同学们聊一聊，我想大家会理解你的，而父母、老师们的意见建议，则会使我们变得成熟和坚强。

落选后的日子

我刚踏进教室门，就感觉到一双双眼睛都在盯着我，有关切的，有冷漠的，也有高傲的，而我则用真诚的发自心底的微笑——向他们问候早安。

新一届班委会的改选结束了，结果令人惊诧，连我自己也不敢相信。当初我是满票当选的，可如今，有一半的同学对我失去了兴趣。我落选了。

我独自一个人，背着沉重的心情在拥挤的道路上毫无目的地走着。汽车尾气呛得我喘不过气来，嘈杂的发动机噪音使我的思绪更加杂乱。"为什么？这到底是为什么？"我不解，我彷徨，我有些不知所措，我不知明天面对的将是一张张怎样的面孔，我更不知自己应该用怎样的表情去回答他们。

面对突如其来的 matter，毫无心理准备的我一下子乱了阵脚，不知该怎样走出阴影的笼罩。是听音乐还是看书？是跟老师聊聊还是与家长谈谈？不，不，都不合适。思忖良久，我还是选择了电话那一端的朋友。

"……如果你的船太重太重/重得肩头难得有半点轻松/就请你也分给我一股纤绳/我愿帮你把生活之舟拉动/如果你想长成一棵大树/切莫为缠身的藤蔓苦痛/风雨中也要努力拔高自己呀/好去争取洒满阳光的天空……不要为打翻的牛奶而哭泣，不要被一时的假象所迷惑，永远不要怀疑你的实力。特殊的地位使你的同学在不知不觉中渐渐地疏远了你，你应该感谢这次选举让你获得了重新回到同学们中间的机会。高处不胜寒，你正好也可以利用这个机会把自己从繁重的工作中解脱出来，稍微休息一下。'江东弟子多才俊，卷土重来未可知。'我相信，最后的胜利一定是属于你的！……"朋友的话语像阳光照进了幽暗的山林，像甘霖滋润了干涸的稻田。朋友的真诚与信任又使我充满了自信与勇气。

第二天，我迎着朝阳带着自信来到学校。同学们多半已经到了。我刚踏进教室门，就感觉到一双双眼睛都在盯着我，有关切的，有冷漠的，也有高傲的，而我则用真诚的发自心底的微笑一一向他们问候早安。我又回到了同学们的中间，习惯了当"干部"的我终于和大家一样了。落选后我的感觉和以前当班干部时的感觉大不一样。落选后的第一天我就发现我和周围同学的关系正发生着极其微妙的变化。我发现以前对我曾十分冷漠的同学在冲着我笑；我试着和以前很少说话的同学交谈，竟发现我们有如此多的共同语言；放学时，我第一次对他说"再见"，他也按捺不住喜悦向我热情地挥手告别……啊！这种感觉可真好！落选后的日子没有悲哀，没有失落，落选后的日子充满了阳光，充满了欢声笑语。

拥着阳光，我感到温暖。但无论是我还是你，对于那段逆光的经历，我不怨恨，也不后悔，因为我看清了那阴影，于是我知道怎样把它驱散。我更成熟，我更清楚怎样才不会迷失方向，我更理解向日葵的追求，珍惜阳光。迎着阳光走，就会把阴影甩在身后；站在阳光下，越接近太阳，就会把越小的阴影踩在脚下。

啊，落选后的日子充满阳光！

小舟

心理点评
xin li dian ping

挫折是个体在从事有目的的活动中遇到障碍或干扰，致使目标不能达到、需要不能满足时的情绪状态。挫折具有两重性：一方面使人失望、痛苦、沮丧；另一方面又给人以教育，使人接受教训，使人更加成熟、坚强。由于个人的理想抱负水平、神经系统类型的差异以及容忍力的差别等因素，所以他们感受挫折大小的程度也就不同。

本文作者落选了，这个事件构成了一种目标挫折，"我"先是有一系列的消极情绪反应，然后进行了辩证认知，并自我进行了情绪调节，同时得到了所在群体的积极支持，所以落选后，阳光依旧。

在现实生活中，挫折是不可避免的，只要正确地对待并实事求是地进行分析，就会使个体的认知系统产生创造性的变化，从而提高解决问题的能力。

第六章

突然的自我

　　我是谁？我是如何成为自己称呼的"我自己"的？成长中的我们，可能经常会问自己类似的问题。

　　自我是一本书，同时也是这本书的读者；这本书充满着长期累积下来的引人入胜的内容，而这本书的读者则是一位在任何时刻都能自由读取章节、任意增添章节的人。

　　年轻的我们，希望了解生命的过程，更希望通过生命的过程，了解成长中的自己。

　　在成长中，你会发现，一些变化在不知不觉中完成，而你自己，突然间就如此美丽。

人生之苦也很美丽

人生包含苦、辣、酸、甜。现代人生活在节奏越来越快的年代，有着太多的压力，太多的诱惑，太多的欲望，也有太多的痛苦，一个人要以清醒的心智和从容的步履走过岁月，他的精神中不能缺少淡泊。

生活是一首读不完的赞美诗，唯有热爱生活的人，才会从这首充满激情的诗句中品味出人生的真谛和内涵。生活中，不愿向命运俯首的人，才会征服命运；不愿向困难屈膝的人，才会拥有事业的成功与辉煌。你追求什么，你就将获得什么。

得到是生命的完善，是价值的验证；失落是生命的精炼，是经验的积累。

生命的花环多姿多彩：幸福与痛苦，欢笑与眼泪，成功与失败……或照亮过你的生命，或洗涤过你的灵魂，或锤炼过你的意志，都同样在丰富你的生活，增长你的知识与阅历。不必为过去的得失而后悔，不必为现在的失意而烦恼。

在流淌不息的生命溪流上，无法深究得失成败。过去的让它从容过去，把生命看得豁达、清澈些，抛弃世俗的偏见，淡视功名利禄。只要以勤勉对待生命，那么失落会使生命更加精干，会使人生更加奋发。

诚然，人来到世上并不是为了受苦受累，寻找生活的乐趣，追求人生的幸福，才是人类永恒的主题。不错，生活乐趣难寻，所以才需要寻寻觅觅。容易得到的东西，并不显得珍贵；只有寻寻觅觅，带着痛苦的历程而得到的收获，才有不凡的兴奋，意外的惊喜！

一个人受多少苦并不感人，感人的是如何面对苦难——能否不断超过自己，奋力拼搏，我们应以欣赏的心境品尝痛苦，以机智和幽默去面对痛苦。

在生命的河床上，遗落的贝壳点点闪烁，是为了照亮你的生命之旅，使生命之舟绕过暗礁险滩，顺利扬帆远航。让我们的心境离尘嚣远一点，离自然近一点，人生之苦就在其中，如同美好的天籁，人生之苦是生命中的另一种美丽。

宋敏忠

心理贴吧
xin li tie ba

敏忠：

在我们的一生中，不可能是一帆风顺的。面对低谷和坎坷的时候，不同的人会有不同的反应。要么悲观消沉，自暴自弃；要么积极坚强，去开创柳暗花明。

不同的态度，将导致不同的结局与人生。

艾利斯认为：情绪伴随思维而产生，情绪和心理上的困扰是由于不合理的思维所造成的，引起情绪障碍的不是诱发事件本身，而是事件经历者对该事件的评价和解释，事件发生与否不以当事者的意志为转移，但如能对之作出理性评价，就可避免消极情绪的产生。据此童年的艰苦、贫困与磨难，并不一定导致我们痛苦的感受，关键在于我们对此的解释与评价。并且，挫折的情境、艰苦的条件使人不得不面对时，会激发当事者的潜能，提高其解决问题的能力，同时锻炼一个人的意志、品质等优良个性。

所以，当我们面对艰苦和不幸，不要报怨与逃避，而应勇敢面对，积极奋起；当知道别人有困苦时，我们应给予热情帮助。

艰难困苦，玉汝于成。

我们追求幸福，但不怕痛苦；

我们寻求成功，但不畏失败。

磨难中，心的力量在积聚；困苦中，美的人生在延伸。呵，蓦然回首！冬天已走远！

赤足街上走

有没有揭穿谣言、拯救无辜的办法？有，我想答案就是但丁老人说的那句话："走自己的路，让别人去说吧！"

这句话总在激励着我，使我每天都快快乐乐的。说起这句话，我想起一件往事，现在回忆起自己那一瞬间的动作，还觉得是那样的洒脱。

那是在一个绚丽的夏日，我一个人在姑妈家很无聊，便穿上了姑妈给我买的新凉鞋跑了出去。由于我来这才几天，所以对这里还不熟悉，自然对什么都感到新奇。正在我心不在焉地左看右看时，感觉前面有辆摩托飞驰了过来。我赶忙躲闪，不料这一步跨过去，脚下一滑，鞋带断了。一切都那么意外。我向四周望了望，想找个鞋匠，把鞋修好。可我望了半天，整条街上人来车往，路旁摆小摊的倒不少，可就是没有看见修鞋的。这可怎么办呢？如果穿上它，不仅费力费时，而且无端会使自己受苦。我无奈地站在那儿，过往的行人看见我这副可怜的样子，也都好像爱莫能助。我又犹豫了片刻，干脆把鞋脱了下来，卷起裤腿，赤足走了起来。我留意了一下路上的行人，有的报以谅解的一笑，有的惊讶地望着我，甚至有一位打扮得花枝招展的女青年竟报之以"嘿嘿"的两声。他们惊讶也罢，"嘿嘿"讥笑也罢，我并没有在乎，还是继续走自己的路。路过一个书摊，我看见了一本很好看的书，便蹲下来翻阅了一会儿就又朝前方热闹的人群中走去。

前方的路依然坎坷，我依然心安理得，因为但丁的那句名言一直陪伴着我，"走自己的路，让别人去说吧！"

单春朋

心理点评
xin li dian ping

自我意识的发展一般经历生理自我、社会自我、心理自我三个阶段。随着中学生知识面的不断拓宽，思维的深刻性明显增强，自我意识也相应地飞速发展，由社会自我向心理自我过渡。于是他们有了自己的独立思想、见解，他们能够坚持自己的抉择而不顾世俗的嘲讽与惊讶，这种精神值得称赞。但是，在现实中一定要分清"执著"与"固执"。

中学阶段是独立性与依赖性并存的时期，发展独立性是重要任务之一。独立性是指个人在未被强制的情况下自觉自愿地行动的心理倾向。有独立性的人，不但善于行动，还善于思考，独立判断。

独立判断是指个人在进行判断时，不依赖别人的指导，不囿于现成的结论，不受周围气氛或他人意见的影响，完全通过自己的思考而独立作出的判断。

与独立性相反的品质是依赖性。依赖性强的人，做事往往不切实际地期待他人的帮助，这是人格不成熟的表现。当今社会情况多变，个人所面对的环境和问题日趋复杂，特别需要人具有独立性。自我意识的发展将促进独立性的形成。

青少年独立自定特征的发展，将成为他们走向社会所必需的财富。《赤足街上走》向我们展示了一个质朴、自信、独立、健康的形象，一位少女用不加修饰的真实自我，脚踏着坚实的生活之路，走在人群中！

我有我的滋味

很普通，很普通。有人说我很单调，有人说我很简单，有人说我很洒脱。老师说我懒散，其实我的生活很有规律；同学说我神秘、无聊，其实我很透明，能自得其乐；家长说我不认真刻苦，其实我是善待自己。难道有人比我更了解自己吗？哈哈——笑声便是自信，自信就是回答。

普通，简单，易满足。其实，我并不是那么庸庸碌碌，并不是那么不求上进，我有自己的奋斗目标。我此时的无声无息只是人生漫漫旅途中的平静期，没有哪个人从出生到生命结束都轰轰烈烈。我很有自尊心，的确对优秀的分数我会自满，可这并不代表我会对"红灯"置若罔闻，恰恰相反，我会潸然泪下。

有人生奋斗目标，有人格、自尊，我有了人生最重要的财富——可这只有我知道（应该有志同道合的同学响应）；其他的一切对我来说已显得可有可无。

每每为作业苦战到十一二点钟，我就觉得与其说是做作业，不如说是陪作业熬到"精神分裂"——语文上出现"x、y、z"，数学上满是"之乎者也"。何苦呢？反正做不出，耗着也是耗着，不如早睡，养足了精神早起，再做它个昏天黑地。分数是学生的命根（除我外），我的成绩却一般般。喜欢分数的同学看见高分会笑，看见低分会闷，看见差分会哭；似乎这分数已左右了高中生的情绪，好像分数就象征着一个人，而人却列其次。

也罢，也罢。老师也好，家长也好，分数也好，这是使高中生感情变化的有机组成部分。我自己想我的目标，我拥有我的自尊，我享受我的人生，我控制我的感情。只想对老师、家长说：不是我不想做庸中佼佼，只是我不想在这灿烂的日子里郁郁寡欢。

维尼

心理贴吧
xin li tie ba

维尼：

看了你的文字，我想：我们多数中学生可能都和这位同学一样，在自我逐步成长的过程中渴望有着五彩缤纷的生活和思想，在从未成熟到成熟的过渡时期渴望着独立和自由；但沉重的压力又使这斑斓的生活失色不少，使自己渴望自由翔翔的个性锐气大减。

那么，我们到底应如何处理学习压力和自我生活之间的关系呢？是不是要成为学习上的强者，生活就必然索然无味，要生活得五彩斑斓，学习上就要做平庸之辈呢？

我说，鱼和熊掌可以兼得！要学的时候就要认认真真地学，要玩的时候就要痛痛快快地玩，要活就要开开心心地活！所以，我们大家要"把握住自己，要学得用心，玩得开心，过得舒心！"任何伟大都出自平凡，只要你想做你就能做得到。坚定信心，挺起胸膛，勇往直前，你就可以更上一层楼，步步高攀。所以，只要你合理管理时间，把握住自己，你就可以对你的老师、家长以及所有的人自豪地宣布："我既要做庸中佼佼，也不想在这灿烂的日子里郁郁寡欢。"

相信你能做到！

不该凋零的花朵
——致一位早逝的学友

她睁开温柔的双眸，

看到了绚丽多姿的世界。

春风拂过她娇艳的面庞，

向着朝阳绽开了自信的微笑。

她舒展开翠绿的枝叶，

昂首挺胸地向着那金色的太阳。

少女用细嫩的双手抚摸着她的面颊，

阳光依偎在她白色的裙袂中。

她牢牢地，

抓住大地母亲的手。

枯黄的落叶无怨地化为滋养她的泥土，

她清澈的眼眸中充满了感激。

她孤傲地挺立着，

与残酷的冬风搏击。

她的神情是那样的刚毅，

仿佛心中再没有柔弱的一面。

当春风再次唤醒大地的时候，

又是一个美丽的季节。

她还不曾仔细地欣赏过这一切，

便悄悄地离去了——

在百花争艳的时候，

她，凋零了。

刘欣然

心理点评

这首诗写在一个女孩子因车祸而离开了这个世界之后。作者用诗化的语言将少女比喻成花朵，写出了一位妙龄女孩儿悄然而逝的悲凉和自己对她深深的怀念。字里行间，情真意切。

生命是一个生生不息的过程，中学生对于生命的态度，随着成长会逐渐变化，并加入自己的情感元素。在那里它们是真实存在的。也只有经过了这一阶段，我们才能真正长大。

相信我能行

时间过得真快，就像一条清澈的小河从我身边悄悄流过，一晃我已经成为一个 15 岁的大姑娘。回头看看我走过的道路，就像雪地上留下的一串串脚印，有的直，有的弯，有的深，有的浅。在 15 年的历程中，最使我难忘的是那件让我变得勇敢的小事。

初一下学期，我们带着对澳门回归的喜悦心情，写下了一篇《回归吧！澳门》。不知怎的，老师知道了这件事，她找到我，让我在"喜迎澳门"的班队会上读这篇文章。我几乎吓了一跳，什么?! 让我读?! 这对我可太难了，平日里我是那么平凡，平凡得在同学们面前我都不曾大声地说过一句话，可今天，老师却要我在同学们面前读这篇文章，我，真害怕呀！可望着老师充满鼓励的眼神，我同意了。那几天我觉得时间过得比往日都快，班队会的日子马上就要来临。前一天晚上，我可真怕极了，我一遍又一遍地念叨着："读，不读，读……"最后我竟鬼使神差地抓起阄儿来，"读"，我抓住的是一个端端正正的"读"字。这时我才仿佛轻松了许多，我对自己说，这是老天的意思，可不能违背呀！

第二天班会上，大家都围坐在桌子旁有说有笑，即使班长一次又一次地大声嚷："别说了，别说了。"同学们也根本没把她放在眼里，仍然大声地说笑。班长向我使了个眼色，示意让我上去，可我的心早已敲起了小鼓。我慢慢走到讲台前，用低极了的声音读着那平凡的文章。渐渐地，耳边的说笑声变小了，一会儿教室里便只有我那低极了的朗读声了。我抬起眼睛望了望，一双双眼睛正在望着我，一瞬间，我胆大了起来，放下了手中紧紧握着的稿纸，竟面带表情大声朗诵起来，同学们仍是那么安静地坐在那儿，仿佛第一次认识我。最后在一片热烈的掌声中，我的"演讲"结束了。走下讲台，听到同学们称赞、鼓励的话语，我的眼睛湿润了。

在 15 年的成长中，是这件事使我终于走出了"胆怯"的阴影，摆脱了往日的"恐惧"，看到了同学之间真挚、火热的友谊。

韩丽

心理贴吧

xin li tie ba

韩丽：

看到你从"胆怯"中走了出来，收获了宝贵的友谊和自信，真为你感到高兴！

从你的文字里，我清晰地看到了羞怯与勇气的表现与作用。是的，在这种冲突中，一个人的自我分化水平提高，自我就会得到充分的发展，然后在新的水平和方向上达到协调一致，即自我统一逐渐形成。

人生需要机会与磨炼，更需要成功的体验，成长中的中学生更是如此。师长、同伴的鼓励与赞许，会使我们信心倍增，勇往直前，甚至影响到今后的一生。

鼓励和支持固然重要，但一个人的勇气是从战胜自我的恐惧与畏缩情绪中培养出来的。许多事情，最关键的还是要靠自己去争取，胜利最终把握在我们自己手中。

勇敢些、自主些、积极些，参与吧，这世界是你们的！

足球的梦

我是一只足球，一只被遗弃的足球。我住在垃圾箱旁。苍蝇经常飞过来，飞过去。老鼠也经常陪我聊天。我很悲痛。在这里，没有人疼爱我，没有人可怜我。难看的伤口现在还隐隐作痛。这使我想起了过去。

我刚出生的时候，是被摆在一个世界上最漂亮的水晶柜里。我是由阿迪达斯和耐克还有美国最先进的科学研究所联合生产出来的足球。那时我有一个钻石砌成的"沙发"，聚光灯全部照向我。有很多人围观我，议论纷纷。

"太漂亮了！"

"我也想要！"

"这是高科技的，可棒了！"

……

一声巨响把我拉回到现实，雨点打在我的脸上，望着这道伤口，悲伤的泪水夺眶而出，从我脸上划过。我又想到前不久的比赛。

在世界杯决赛场上，有数万名观众坐在观众席上看比赛。哨声一响，我被抛到了空中。突然，一只脚拦住了我的去路。我抬头一看，原来是罗纳尔多。他带着我横冲直撞，正准备射门，又被贝克汉姆给拦住了。贝克汉姆一会儿把我踢到左边，一会儿又把我踢到右边。另一方的后卫正好赶了过来，小贝急中生智，先把我用脚勾到天上，然后后退几步，突然向我猛冲过来，接着便用尽全力把我射向球门。我腾空而起，在空中划出一道美丽的弧线，直逼球门。突然，一阵风吹过，使我偏离了原来的轨道，打在球门柱上。球门柱上的一颗钉子划破了我的肚子，我的气一下子全跑了出来。一个人把我扔到了垃圾箱旁……

一道闪电划过天空，雷声响起，倾盆大雨从天而降。我很悲伤，原来我的价格是一千美元，如今却落到这个地步……

我希望有人能把我带回家，给我缝好伤口，然后好好地把我收藏起来……

天晴了，太阳公公露出灿烂的笑容。一个十一岁左右的小男孩向我走来。他把我用袋子包好，带我回到他家。他的家很干净整洁，一看就知道这个家庭很富有。小男孩把我洗干净，又仔细地缝好破口，重新打上气，最后给我搁在玻璃柜的水晶"沙发"上。更有意思的是，他还在沙发上面铺了一层丝绸，这使我感到十分舒服。我的小主人轻声地对我说："这里就是你的家，我会带着你玩的。再见！"说完就去上学了。我对主人立刻涌起一种好感。他对我那么好，我觉得我也应该帮助他……

幸福在我心中荡漾……

张子夏

心理点评
xin li dian ping

小小足球，折射出孩子们对自我的探索。

从完好如初、"漂亮水晶柜"里的众星捧月、爱护有加，到赛场上无法控制自己行动的苦恼，再到受了伤被遗弃的孤独，小足球在成长的每一步都充满着许多"变化"，而这些"变化"并不以它的意志为转移，因此有困惑、有伤痛、有苦恼。不过最终，它还是在"小男孩"的帮助下，干干净净地回到了玻璃柜的水晶"沙发"上，找回了往日的自信和幸福。

我们认为，文中小小足球的梦想，意味着孩子们在成长的过程中，既有被关注、被呵护的现实需求，又有被理解、实现自我的心理需要，而他们的自我感则需要通过这些因素综合起来加以呈现。一个小男孩儿（亲密的小伙伴），代表了成长中我们朦胧的自我变化，显得真挚而又美好。

靠自己去成功

小时候的我总是自命不凡，认为自己的成绩完全能考入××中学。可是事与愿违，在升学考试中，我以0.1分的差距被挡在了门外。由于父亲是烟厂的厂长，通过关系我又奇迹般地迈进了重点中学的大门。

从此以后，我便认为自己根本无须用功了，高中的大门似乎已经近在眼前。我对父亲的崇拜也到了极点，认为有这么一个有能力的父亲，以后读书不用自己费心了。大概也正是因为自己有了这种错误的想法，初一上学期的学习生活，便如一个混混，四处惹是生非，勾结帮派，对别的同学也常以"不顺眼"为由施以拳脚。这种无聊的生活被一个名叫陶健的人给阻止了。我与他之间没有任何的瓜葛，但为了帮别人出气，我们打了他一顿。他当时的话深深地印在我的脑海里："别以为你有什么了不起，你还是高价生，仗势欺人，还大言不惭。"他说完后，我们十个人又狠狠地打了他，但他的那句话却始终在我脑海里徘徊，因为它犹如一把锋利的刀，击中了我的要害。

我是一个自尊心极强的人，从不服输。对，一个人不能一生都依靠父亲度日，父亲以前也是白手起家，自修高中考入大学的，我为什么不能呢？前途应是自己把握的，一切就要看自己了。自己家里有钱，这不是犯罪，它能让我们拥有最好的学习条件，我便应该把握住这个有利的条件。想到这儿，我决定要靠自己的能力，使那些看不起我的人重新审视我。我在家里请了家教，补习自己以前漏下的功课；上课也认真听讲。就这样，到期末的时候，我已经从以前的40名上升到了12名。老师因此在班上表扬了我。那时我才真切地感到通过自己本身的奋斗而得到的才是最有意义的。

邓轶

心理点评

邓轶同学向我们展现了他自我检查、自我评价、自我批评、自我监督的力量。

人的发展过程，是不断地认识环境、自我和他人的过程。在这个过程中，有思考，产生困惑，再经过行动和思考，进一步理解自我与他人、自我与环境的关系，从而推动我们的人格走向成熟。

心灵的岔路

如果有人问我，你心中最为恐惧的是什么？那么，我的回答就是，我将来到底会干些什么？我究竟有没有未来？

这么大的世界，这么多的人。这许许多多的人既相互联系又相互排挤。时空莫逆，来路莫测……千难万难，如何才能在这个拥挤的世界上找到属于自己的一席之地？是的，自己会一次次轰然跌倒，找不到通向未来的路。

或许是因为我们的文化传统过于偏重以成功来衡量人的价值，故而害怕失败变成了我强烈的恐惧心理。自从我会记事起，父母、老师以及周围的大人们就无时无刻不在向我灌输这种朦胧的恐惧感。很多大道理我似乎都懂，比如说要正视挫折、战胜困难、要给自己信心……然而我发现自己根本做不到。在现实生活中，我只是一个逃兵，遇到困难时，我会裹足不前，一次次地否定自己，嘲笑自己，同情自己，我仍然学不会坚强。

总是习惯在夜深人静时，独自沉浸在泪水积成的一汪咸水湖中。那时，伤痛就像一只黑鸟，飘然而落……有时，我很想为这种忧伤找出一个具体的理由，然后努力医治，可是到目前为止，我还没有找到答案，只是觉得心中隐藏着恐惧，也许是对自己未来的无助感，或者我本身就是一座空洞的废墟，没有留恋，没有承诺，也没有生命。无聊的时候，会考虑死亡、宿命或者无常，时常觉得人是可笑的，一枚棋子而已，当你走出被别人控制的领域，便会陷入另一个空间，既没有坚强的后备，也没有后路可以退。

霎时间，心凉如水，我不知道属于我的日日夜夜应该用什么去填满，我无法分析这种茫然的心情，无法知道什么时候才是一个尽头。

有时候，欢笑并不代表快乐，它只是一种伪装，伪装自己眼中的泪。我知道我应该告诉别人自己很快乐，拥有着年轻的生命，只是这种笑容真的很虚弱。

我害怕我那渺茫的未来，害怕那种精神的饥渴。但是，我还会好好地爱别人，因为我希望身边的人永远幸福快乐，无忧无虑。

马静波

心理贴吧
xin li tie ba

静波：

未来是什么？没有人能够给出一个确切的答案，我们只能想象自己的未来是什么样子。但有一点是肯定的，不能正视自己的人，他的未来是可悲的。

我很欣慰的是，能够对自己的未来表示困惑是一种逐渐成熟的表现，这表明你已经开始考虑自己的前途，开始为将来作打算。但是在这个过程中，必定会遇到许多无法想象的困难与危险。如果仅仅为了躲避困难与危险，就放弃对未来的憧憬，放弃对未来的努力，这不是很可惜吗？如果因为困难与危险而不断地嘲笑自己，否定自己，不敢正视自己，这样做对得起已经努力了很久的自己吗？

每个人在成长过程中都会遇到各种各样无法预料的事，每个人在成功与失败面前都应该是公平的，有失败必定也会有成功。这个世界本来就是很残酷的，激烈的竞争使得我们不得不去面对很多的失败，如果连失败都经受不起，还谈得上什么未来？

青春应该是充满朝气的，而不是终日生活在灰色的心情中，自己的生活要靠自己去填满色彩。

相信自己，只要用心，就能绘出一道彩虹！

生死无界

逐日而焦，夸父悲壮地死去。其杖化林，其体成山，死亡的身躯孕育出生机无限之大地。

溺海而消，精卫含恨地死去，日夜衔石，以填东海，飞凌的羽毛飘摇着百代不绝之传奇。

这就是死亡，如湛蓝天空中突兀划下的一抹夕阳的血红，灼目而惨烈；如广阔平坦的大漠中骤然随风而至的流沙，威严而不可躲避。

有时会想——不着边际地想，生与死只像是两个圈圈。人们开始的时候在一个圈圈里转，转着转着，一不小心便到另一个圈圈里，如此容易，如此简单，如此不代表什么，然后……然后便会想起爷爷的死，舅舅的死，同学的死，这些我所经历的，我所感受的，我所悲痛的死。

一个平凡的人，死便死了，不说"逝世"、"享年"，也不降半旗。亲者或余悲，他人亦已歌，或许，真的，死亡已不再算什么了。

于是便又想起那两个悲壮的神话故事，莫名的感动，莫名的辛酸。生，是因为死才显得珍贵吧？死，是因为生才显得庄重吧？

我无法——至少现在无法——像冬日中的草一样毫不畏死地生，坦率地讲，我怕死，怕死后看不到未遇的精彩，我无法气壮山河地说"死根本不是生的敌人"，无法面不改色地幻想死亡。

一个寂静的午后，我读了毕淑敏的《预约死亡》，没人打扰我，安静地看着那形形色色的死亡，那张人最后挣扎过的床，那件印有猴子鬼脸的脏兮兮的背心。合上书，发觉自己流泪了，惧怕？恐慌？而又或许，感到生与死本也无界划分，于是人越接近死亡，便越如新生的幼婴。

总有人好以四季之说划分生命，曾追随过生命季节论，而此时却于一瞬间觉察，人是一直活在春天里的，生命有终点，却并无终结，也许可以一如佛家所愿，将生命继续在乐土，或者如基督信徒一般，回到上帝身边，而其实这些，也不过要生者相信，生死无界。要说透这些，好难。

我想以我的经历定是断然无权诠释生死，点指生死的，因为毕竟我太年轻而这个问题又太复杂、太古老、太庞大，则仅以上面的荒谬幼稚之文字作为我生的见证吧。

邢悦

心理贴吧

xin li tie ba

邢悦：

对生命的思考，是人类永恒的话题。

成长中的我们，已经开始系统地思考生命诞生和消逝的过程。许多人所说的季节论，不过是把生命看作一个循环往复的自然现象。春季生长、夏季热烈、秋季收获、冬季凋零，正因为有了这些，自然界才会生生不息。

那么在生命的过程里，我们能够做些什么呢？我想，我们如果认真去对待它，充实地过好属于自己的每一天，开开心心地对待身边的每一个人，认真地做好每一件事，不也是对生命负责任的表现吗？

第七章

涉世
初体验

初入社会，刚刚长大的我们，似乎还有许多困惑。

突然就有那么多人需要接触、那么多事情无法理解、那么多状况需要处理……很糟糕是不是？

所谓社会化，是个体由自然人成长、发展为社会人的过程。个体通过同他人交往，接受社会影响，学习掌握社会角色和行为规范，形成适应社会环境的人格、社会心理、行为方式和生活技能，开始真正的融入社会生活。

由自然人发展为社会人最为关键的阶段，我们该如何面对呢？

成长的烦恼

网

　　一只飞蛾在蛛网上绝望地拍着翅膀，一条鱼在渔网里拼命地扭动身躯，一个人在尘世里上下进退，不能自拔。莫非上帝在造物时，便给生灵们备下了这无处不在的网？

　　说心里话，我是讨厌"网"这个字的，仅仅因为它代表了束缚、扼制和禁锢，不管它是有形的还是无形的。有这样一个故事：两个都很有才气的画家，一个在画院里做了教授，一个却浪迹天涯。教授很忙，讲学、考察、做评委、当嘉宾……游子风餐露宿，只有画笔和纸为伴。几年后的画展上，流浪画家的画被抢光，教授的却无人问津。毫无疑问，教授在他的网里殒了才情，逝了灵感，让年华如水一般地流过了。

　　诚然，生在人间，没几人能逃得出世俗这张网，连孔圣人也要带着他的学问去游说各国的国君。但总会有一些人拼命挣脱，于是便有了采菊东篱的陶潜，便有了梅妻鹤子的林逋。更多的人在这张网里浮浮沉沉，患得患失。为了什么呢？或高官？或家财？或名望？或是根本没有意识到什么，仅仅随波逐流？没有人能说得清，但是人人都知道这样活太累。

　　淡泊明志，宁静致远。其实人生的境界只在一悟之间。许多人在喊累喊腻的时候，并没有想过活着还有别的方式。我接触过一些外企的员工，他们应该算是精英了，可是在他们忙忙碌碌的背后，除了让外国人多赚了几个子以及养活自己外，我看不出什么特殊的价值。他们有大房子、小汽车，但我没在他们的房子里看到文学、艺术和思想。我无意批驳所有的上班族，但是那条被很多人视为经典、视为成功的路线真的就那么重要？也许我们都该把世事看淡一些，看远一些。在喧嚣的红尘中，我们应该为自己的心找一个安静的处所，真真切切地感受一下自我，听一听心音到底指向何方。

千百年了，那张网一直盖在人们头上，盖在人们心里，但人们不会为此而失去了挣脱的信念。在网的外面有不同的世界。行文至此，忽然想起那个打死不肯走"仕途经济"的贾宝玉，觉得他分外可爱。

李影

心理贴吧
xin li tie ba

李影：

我在想你所说的网，应该还有更深刻的寓意吧！它通常意味着我们所在的社会环境。

如你所说，我们在生活中，总要面对不同的人和事，没有人能够脱离环境单独存在，就连流落孤岛的鲁宾逊，不是还有野人"星期五"做伴吗？

你说的对，在人的成长过程中，独立的精神思想非常重要，几乎是难能可贵的，但同时，随着我们慢慢长大，会越来越多地接触到这个社会的方方面面。我们学会与人交往，学会独立处理事情，学会生存和发展的法则。只有将这两者统一起来，才能获得真正的成功，你说是吗？

◎网游"黑洞"

网络游戏已经逐渐成为社会上的一大热门行业，也成为同学们谈论的热门话题——"魔兽世界"、"梦幻西游"、"诛仙"……在这浩瀚无边的游戏世界，各类英才层出不穷，似天上的繁星明亮而不耀眼，我便是这特殊队伍中的一员。

虽然我与网络游戏打交道的时间并不长，但它那黑洞般的强劲引力，却毫不留情地把我这片小碎石揽进了自己的怀抱，它那双贪婪的大手满足了自己一个又一个的欲望。但同时，在它的深处无数被玷污的灵魂在痛苦地挣扎着。在这里，许多人没有姓名更没有朋友，游戏便是他们的一切。如果说死亡是可怕的，那么此时他们的状态与死亡相类。我亲眼见过，有人为了它——游戏，完全进入狂热状态，连续几日几夜不眠不休，寄生在那不平安的混浊的世界内。眨眼望去，简直是刚从地狱里爬出来的僵尸：蓬乱的"杂毛"，苍白的面容，还有那不想让人看第二眼的呆滞而混浊的双眼。

如果我们细心的话，还会发现，就在这些黑洞里，学生是最大的受害者。它给这一张张充满童稚的脸蒙上了一层难以抹去的黑影。

网吧是社会发展的产物，人民生活水平提高的标志，学习、散心的场所。而如今，却有人扭曲了它本来的面目，把它变成了细菌的温床、销蚀年青生命的杀手。历史上玩物丧志者屡见不鲜，历史、时代的警钟时刻在耳畔响起。

游戏始终是游戏，现实终究是现实。俗话说，浪子回头金不换。我们衷心地期待着那一天的到来。

谢谷明

心理点评
xin li dian ping

随着社会的发展，出现了形形色色的新奇有趣的东西，当然也包括网络游戏，这对于处在单调的学习生活之中的中学生来说的确是太大的诱惑。乐于接受、善于探索新奇事物，这当然不是坏事；但过度地沉迷于游戏，成了一种"瘾"性，就势必会给生活、学习带来诸多不利影响。沉迷于游戏会严重伤害视力，影响自己的身心发育与成长，还易疏远周围的人，忽略现实，自我封闭，模仿暴力，这对我们的人际交往和人格发展极为不利。

为了克制这种"黑洞"的诱惑，我们要做到：

首先，给自己制定原则，像只有认真完成作业后或只有到周末才能玩上半个小时，并且要绝对遵守，必要时请家长、老师监督。

其次，平时培养自己多方面的兴趣爱好，多参加一些实践活动，尽量少接触游戏。

再次，休闲的时候多和无此嗜好的同学在一起。

最后，当想打游戏时，想象一下由此浪费的时间、精力而导致考试失败的情景，以及不良环境给自己身心带来的影响。

当然，要合理控制自己，也需要坚强的毅力与意志，恪守自己制定的原则。只要你合理安排好时间，调控好自己，约束自己一段时间降降温之后，"黑洞"会逐渐离你远去。

网上那个"他"

人生就像一个七彩的调色盘，而没有七彩的人生，就像一张白纸，没有任何光彩，有的只是平淡。我的人生的调色盘虽然不乏色彩，却充满了悲欢离合。

或许是现在的科技太发达了，或许是人脑太发达了，于是便有了新新人类的产物——网络。从网络里不仅可以获得比查阅图书多得多的知识以及新的科技，而且还可以进行人们不知言其好还是言其坏的

"聊天"。

"聊天",让人众说纷纭,好也?坏也?我不认识你,你也不认识我,故莫能知彼此的"伦理道德观"。我不知从何时起也开始接触网络,除了浏览信息,也去聊天。你一定也上过网聊过天,在那里,路人甲、路人乙、路人丙……你从来不知道他们是何许人也,然而你还是着魔似的在其中寻求,甜的、苦的、快乐的、悲伤的、追求的、被追求的……或许聊天为我的生活增添了不少的快乐,至少在快乐的时候,有人能够分享;在悲伤的时候,有人听你诉说心中的苦闷。

在网上一个名叫"雨过天晴"的人曾经敲开了我的门,他像是一个关心小妹妹的大哥,也可以说是一个心理方面的大专家。他每次与我聊天,都能够和我分担忧愁,分享快乐,我的心理完全能够被他猜透,我真的好佩服他。但是他却从未对自己的事有所透露。他不想说,我当然不能勉强他。

此后,每次上网总有他的身影。然而,有一次当我再次上网的时候,却没发现他。我对自己说"是偶然",但此后,始终没有他的身影。于是我失望了。然而又为了什么呢?我希望有答案。那些天我总是心神不安的,直到有一天打开信箱时,惊奇地发现他寄给我的一份 E-mail,名为"最后的……"内容写到:"伤心 girl:你好!这是我最后一次与你联系。其实,我想告诉你,我并没有你所说的那么伟大,只是……我没有任何理由值得人赞美,因为我其实是一个并不受欢迎的人。真的,我并不是……?"

重重的问号,没有写完的信,一切都朦朦胧胧的,我不知道最后到底是什么,但是至少我知道,他全无音讯了。从此我便开始绝望了,因为我知道我再也不能找到这样善解人意的"心理专家"了,再也不能。我对着电脑静静地发呆,失望中,我决定离开这个伤心的地方。从此我远离了"聊天"这个伤心的名词。

"聊天"，好也？坏也？我始终没有答案，也始终没有人给过我答案。但至少我知道，它最后带给我的是失去一个能够为我分担忧愁的朋友！

我希望有一个明确的答案，让我的心平静下来，我的这份"失去朋友"的心是否是多余的呢？毕竟是一个自己完全不了解的人啊！

Janenal

心理贴吧
xin li tie ba

Janenal：

计算机和网络把我们一下拉进了一个全新的世界。在那个高速运转的世界里，我们惊讶于共享资源的丰厚，我们激动于物理距离的变异，我们享受着全新的沟通体验。作为时代弄潮儿的青少年，很快就接受并喜欢上了这个神奇的网络世界。他们在网络上查资料，交朋友，尽情地演绎着他们的青春，而火热的青春后面总是尾随着种种的困惑。网络在给他们带来前所未有的满足和体验的同时，也使他们落入了一个个困惑的陷阱。

"聊天"也许是 internet 上最常用也最有效的交往方式，同学们在聊天室上结识了许许多多来自五湖四海的朋友，但是，这是真正的友谊吗？或者说这能够成为真正的友谊吗？也许每一个冲浪的少年都曾经苦苦地问过自己。虽然我们可以大声地告诉自己网络剔除了一切虚伪的物质外壳，进行一种最纯粹、最真实的交流，但我们总还是忍不住要回到现实中、到空气中、到阳光下去寻找我们赖以生存的安全感。

我们认为，尽管网络是未知的，未来是未知的，但是我们生活和交往的原则是已知的，也是需要我们去坚持的。我们所坚持的友谊应该是真挚的、坦诚的，无论在网络上还是在现实中！对于不告而别的"雨过天晴"，亲爱的Janenal，带着你的坚信，默默等待"雨过天晴"，也许，他真的有什么难言的苦衷需要你去信任；如果你回想你们交往的那些日子，你们只是在虚幻的网络上玩着虚幻的游戏，向着虚幻的世界发泄自己的点点情绪，那么，请忘掉这份不真实的交往，也许"雨过天晴"也正是清醒地认识到了虚拟和真实有时表现出来的格格不入。他的退出，给这段交往画上了一个圆满的句号，让"雨过天晴"作为一串字符留在聊天记录里吧，一如他本来就以一串字符出现。

我要做男生

传说人可以转世。如果真的可以的话，我来世想做个男生。

看，千米长跑下来，男生们可以躺在地上休息，或坐在地上。可我们女生呢，只好愣愣地站在那里，不能与地有丝毫的亲近，生怕别人在背后说三道四。身体虽依然站在那里，可心里恨不得也躺在地上，这只是痴想，因为我是个女生。

放假了，多想去找朋友们聊天嬉戏，东窜西转，可只要你在大街上出现的次数多了，大家就会送你一个美称"疯丫头"。而男生呢，无论他们出现多少次，车骑得多快，也绝没有人说他们"疯小子"，这只因为我是女生。

一头乌黑的头发，一件漂亮的花裙子似乎成了女生的特征，而我偏偏不喜欢长头发，而且从小到大从没留过长头发，也没穿什么裙子，这引来了爸妈的责备声："你看你哪有点女孩子样呀？"这只因为我是女生。

"这么好玩的事，哈哈……"我笑得前仰后合，可看见周围一双双充满诧异的眼睛，不由得让我把嘴慢慢合到最小限度后闭上，再好玩的事也只能发出淡淡一笑，这只因为我是女生。

我是个女生，我不能大声笑，不能大声尽情哭，不能在街上飞快地骑车，不能走起路来风风火火，我不得不柔情似水，不得不悲花怜草，不得不羡慕那些男生，甚至，我很难与一些女生们沟通，每一个女生内心里都有一个小世界，这个小世界只属于她自己，不对任何人敞开，整天显得忧心忡忡。真的真的，我下一世真想做个男生。

假如我是男生，我一定不哭，该笑的事我会笑个痛快，才不管那些无聊的人背后的议论，只要自己高兴，只要自己安心，什么都可以，管它风度不风度的。

假如我是男生，我可以连蹦带跳地走路，我可以与朋友尽情地玩耍，可以吹着口哨满大街乱窜，可以留短得不能再短的头发，可以尽兴地与鸟儿大声歌唱，与大树欢快地跳舞。

假如我是男生，我可以把心里话一吐为快，不必担心话出之后众人的反应。

假如我是男生，我决不勉强自己做不愿意做的事。我可以独自一个人浪迹天涯，不必担心这个，顾虑那个，不会多愁善感。遇到不高兴的事，可以转身走开。我会有保护女生的侠气，让她们不再流泪。我会学会宽容，学会忍耐，学会自强，并且与所有的人交朋友，成为一个百分之百的乐天派。

若传说是真的，人真有来世的话，我一定要做个男生，一个快乐的无忧无虑的男生。

郑海芸

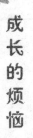

成长的烦恼

海芸：

看到你的文章，我有些不同的看法，觉得现在的你，一点也不比男生差呢。

在我国的传统文化里，有一种"女子不如男"的思想，心理学上把这种根深蒂固的想法称为刻板印象，这种思想一直影响着女性在社会中的发展。然而，现代心理学研究表明：男女两性在一般智力、成就动机的水准上并没有明显的差异。男女之间的某些差别关键是后来培养、教育的结果，在很大程度上受到传统文化观念的影响。

在现代社会中，我们越来越强调男女平等。作为成长、发展中的女中学生，只要有坚忍不拔的毅力，自强不息，一样能取得与男性同样的成就。

相信自己，你是最棒的！

第一次戴胸罩

这几天，妈妈的眼光老是盯住我的胸部，好像在研究什么。如果她不是我的妈妈，我一定对她怒吼：有什么好看的！

平时我天天穿校服，妈妈可省心了，不用为我买衣服。可是今天她拖我去百货商厦，说是要给我买衣服，奇怪！

来到女装部，她径直朝内衣柜台走，边走边说：你到了该戴胸罩的年龄了。我低头看看自己的胸部，这些日子似乎变化很大。我由于害羞，整天佝偻着身子，好像矮掉了一截。其实班级里已经有女同学戴胸罩了，比如小菲，可是我总觉得太露骨了，很不好意思。

商厦里，女式内衣琳琅满目。各种品牌的广告争奇斗艳，红的、紫的、棉的、丝的胸罩和三角裤好招摇，像开展览会似的。第一次穿行在这花花绿绿的世界里，说实在的，我的心还是有点虚，不要给认识的同学撞见才好啊。

妈妈很在行似的一排一排又看又摸，她告诉我，棉质的很舒服，尼龙的很漂亮，蕾丝花边的虽然好看，但有的人对它皮肤过敏。后来，妈妈为我选中了一件粉红色棉质带花边的式样，营业员阿姨取了最小的号码让我去试衣室试一试。我很不好意思地关紧了门。一穿上身，我便发现，戴上胸罩的我，胸部的曲线更优美了。我试着在地上跳了一下，它紧贴在我的身上。这样，以后上体育课或跑步什么的，不会使我有"不雅观"的顾虑了。曾经听生理卫生课老师说，合身的胸罩能保护胸部，使之更健康地发育。看样子，老师和妈妈说得不错。

挽着妈妈的手，我挺直身板，神气地在商场里走来走去，看见试衣镜子就偷偷地照一照胸部的曲线，很好，有点大姑娘的感觉了。明天，我将戴着它去学校，不知道会不会有男同学发现我"巨大"的变化，为我着迷，为我倾倒？

梅瓶

心理点评
xīn lǐ diǎn píng

青春期（adolescence）一词，原意为"成长到成熟"。从生理上讲，是从第二次性征到性成熟；从心理上讲，是从脱离儿童期到意识、情绪到社会适应各方面的成熟。青春期的起止年龄一般为十一二岁至十七八岁，恰与初中至高中的中学阶段相重叠。

青春期由于第二性征的出现与性机能的逐渐成熟，会影响到此时期的青少年的心理。第一次来月经、第一次戴胸罩、第一次遗精，等等。那么多第一次，在等待着花季的青少年，家长与老师在这一阶段承担着对他们进行包括性生理、性心理在内的青春期教育的责任。每一次心跳，都是新感觉。

祝福你，好姑娘！

祝福你，明天的男子汉！

这个社会怎么啦？

"师傅，谢谢你，我去亭林公园。"我很有礼貌地对出租车司机说。那位司机二十来岁，穿得也很体面，而表情却是一脸的严肃，一个字也没说便踩起油门疾驰而去。

行程走了快一半，我与司机之间只有沉默。按平常来说，若不是司机主动与我聊天，我是不会说话的。司机多半都很健谈，而我眼前的这位司机却沉默寡言。可临下车时，这位司机因为被前面的车挡住了而破口大骂起来："他妈的，没长眼睛！"他骂得如此难听，而且在我这个陌生人面前毫无顾忌，让我简直无法"忍"。中国语言是如此博大精深，可为什么还会有这么多不堪入耳的字眼，而且被后人发挥得如此"淋漓尽致"。

而此时，我没有说话，没有冲司机大声嚷道："请不要说脏话。"不是我不想说，而是一种叫"怯懦"的虫子钻进了我的咽喉，让我无法开口。下车时，我只是淡淡地对司机说了声："谢谢。"我只希望这两个字对他来说还不算陌生就足够了。

中华民族的传统是能忍则忍，而我也是传统之人，自然也就会

"万事忍为先"，下车时我这样宽慰自己。可没走几步，我就开始恨我自己了，恨我的怯懦，我不知道从什么时候开始，胆小得连说一句话的勇气也没有了。

我开始反思我的过去。似乎不管大事小事我都忍着，吃饭排队时被人插队，我忍了；同学悄悄拿走我的东西，我忍了；有人在我面前说一些不堪入耳的话语，我也忍了。我总会对自己说，多一事不如少一事，这些都是小事，又何必太计较。

可这些真的是小事吗？不。不是事情本身的大小，而是我一直都不敢承认自己的怯懦。就在那一天，我终于意识到了。我不禁笑了起来，那是对自己的嘲笑，也是一种苦笑。

夕阳西下，阳光洒满了全身。我突然意识到，明天的太阳照样会升起，依旧会那么灿烂，我只需默默地期待，期待阳光，期待美丽，期待纯真，期待一切都会变得更好，也包括我自己不再怯懦。

盛祺

心理贴吧
xin li tie ba

盛祺：

我们中国的传统以"忍"字当头，奉行一种宽容、豁达的处世观。宽容当然是一种美德，对于不伤害别人、不损害自尊的事情，我们尽可能宽容；但宽容也并不是没有原则的，对于违背原则、损害利益的情况，我们要按照自己的原则来处理。一味的宽容等于贬低自己，放纵别人，也就成了自己的怯懦。

所以，该宽容的时候，我们要宽容；不该宽容的时候，就没有必要仁慈。对于平时朋友、同学间的玩笑这些都无所谓；对于插队、别人拿自己的东西这些事，若特殊原因，偶尔一两次也可以忍受，但长此以往，自己就要反抗，维护自己的尊严。

如何才能把握好其中的度呢？

首先，要形成积极的自我观念，有理走遍天下。

其次，在处理事情或接受任务时做好最坏的打算，我们担忧的不就是一个坏的结果吗？最坏的我都提前想到了，那还有什么可怕的？

最后，还要有意识地锻炼自己的意志，去体验成就感和幸福感。在学习、交往等方面遇到问题时，试着迈出第一步，成功了几次，你就会体验到成就感，也就会增强自信了。是对的，就站出来说，但要讲究一点方式方法，不可莽撞。

责　任

在举世瞩目的北京奥运会开幕式上，当中国代表团在旗手姚明的带领下入场时，我们可以清楚地看到在姚明身边还走着一个小男孩。是什么人能够享受如此殊荣，和奥运旗手在一起引领中国代表团？故事还要从5.12汶川大地震说起。

当地震来临时，这个小男孩和许多同学一样，都被埋在了废墟里。所幸的是，他没有受伤。在他挣扎着爬出废墟后，他做出了一个惊人的决定——他竟然两次爬进了废墟，救出了两名同学！当记者问到当时害不害怕时，小男孩答到："我怕，但我是班长。"这个小男孩就是抗震小英雄林浩。

当我看到林浩的事迹时，我的眼睛模糊了。他只有九岁半，比我还要小半岁，但是他的勇气和责任感，却是值得我好好学习的。

可以想象，林浩在爬出废墟时，刚刚逃离死神的魔爪。强烈的余震还在不断发生，歪斜的教学楼随时都有进一步坍塌的危险。林浩在救人的过程中，头部多处被砸伤。在这种危险的情况下，再去救人需要多大的勇气啊！一位作家曾经说过，人生最宝贵的是生命，生命对于人只有一次。可是林浩的行动告诉我们，在紧急关头，有比生命更重要的东西，这就是责任。他身为班长，认为自己有义务、有责任去救助仍然埋在废墟里的同学。尽管余震不断，尽管四周危机四伏，但他用这份责任克服了恐惧，毅然决然地一次、再次爬进废墟，冒着再次被埋进废墟的生命危险，去挽救别人的生命。林浩用自己的行动诠释了什么叫做责任。

在汶川大地震中，还有很多很多关于责任的故事。一位姓谭的中学老师，用四肢护住身下的四个学生，把生命留给了学生，自己却丧失了生命。谭老师用自己的行动诠释了什么叫做责任。

一位警察叔叔，看到自己的儿子被压在瓦砾中，但是周围还有比自己儿子更需要救助的同学，他毅然选择了首先解救别人的儿子。当他再次赶到儿子的位置时，发现儿子已经去世。这位警察叔叔也用自己的行动诠释了什么叫做责任。

责任，每个人都有自己的责任。我希望我们每个人，都能在关键时刻用实际行动完美地诠释什么叫做责任。

张子夏

心理贴吧
xin li tie ba

子夏：

责任感对于成长中的你而言，应该还是一个新鲜的词汇吧。看到你的文章，我非常高兴的是你是一个善于学习、善于思考的孩子。

成长中的我们在社会化的过程中，逐步了解到自己所扮演的不同的社会角色，而这些角色又赋予我们不同的义务，在父母眼中，能不能做一个懂事的孩子；在老师眼里，能不能做好学生的本分；在同学、伙伴眼中，是不是给人留下活泼开朗、乐于助人的印象等等，这些都与你自己角色的定位有关。我也十分佩服小英雄林浩的勇气，他意识到自己是班长，有照顾同学的责任，这种责任也给了小小的他不平凡的力量。所以，我们每个人只要真正投入到自己的社会角色中，勇于承认、承担自己的那份责任，在周围的人眼中，我们就是一个值得信赖的人。

用行动去诠释你的责任，认真地做好自己，我们就一定能战胜各种困难，走向通往成功的路，不是吗？

梦里，我送老人回家

大约是星期五。

那晚，夜色压人，月也不觉明。我仍一人，一车，有些不情愿，却也朝家的方向骑着。

不经意地向周围望着，借以忘记那疲惫。我看见了什么？两根盲人棍摇晃着却又被路中的安全栏挡住了去路。那是两位盲人，也是约七旬的老人。虽已是晚上10点，却仍有一些行人，多是些男女青年，他们个个见若没见，或是有些好奇地多看几眼，觉得无趣了，便悠然走开了。见状我只得下车，顾不及将车停于路边，顾不及锁车……

两位老人这才得以走过那宽宽的马路。我和我的车子隔了好长的距离，但能望见，它看起来很乐意站在那里等。我又帮两位老人辨清了方向，引了几步。接着我的心开始摇动了：老人要去"华联"附近的一个地方，从这儿到"华联"可不近呢！我该怎么办？弃车于不顾送老人回家？10点啦！家？父母的心？一时担心，害怕，冲动，我走了。我把车骑得飞快，我有泪欲出——不，我后悔了，有生以来第一次这样后悔。老人会不会再次偏了方向，接下来的马路该如何通过……两位老人互相搀扶着，木棍在地上无规则地划着——此景又呈现于我的脑海。

在屋中，我慌乱地踱着，我祈求原谅，不向上帝，向两位老人。梦里，我送老人回家……

原元

心理点评
xin li dian ping

亲社会行为又称"向社会行为"、"利他行为"，它是指对他人或社会有利的行为及趋向，如帮助、安慰或救助他人，与他人合作，分享谦让，甚至包括赞扬别人、使他人愉快等行为。

弗洛伊德认为：亲社会行为发展的必要条件是认同起重要作用，一旦利他原则被内化并成为理想自我的一部分，儿童将努力去帮助需要帮助的人，以避免由于未提供帮助而带来的良心惩罚（内疚、羞愧和自责）。

"梦里，我送老人回家"中"真实自我"与"理想自我"发生了冲突，"我"选择了放弃帮助两位老人而回家，而梦中，潜意识却发生作用，"理想自我"去帮助了老人。这次内疚（道德情感）与原来已被教导的应该帮助别人（道德认知）必将为以后的帮助别人（道德行为）的具体行为打下自然的基础。

学会爱

常听人说："无私的爱是最伟大的。"那时我颇不以为然，认为那是夸张的修辞，让人听了酸溜溜的。可是去年夏天，我却真的发现无私的爱是那样的温暖。那还要从奶奶的到来说起。

奶奶去年70岁整，腿患有严重的风湿病，变成了"O"形，走起路来摇摇摆摆，再加上她胖，又有很严重的驼背，走在人前就像一堵矮墙。因为奶奶没有文化，又是一口土里土气的外地腔儿，7年不见，我竟不大爱理她。奶奶刚来，也不在意，依然拉着我问这问那，一句"俺可想你呐"不知说了多少遍，我却有些厌恶地放开了她粗糙的手。

奶奶来是为了治腿，爸爸买了许多补钙的药，可奶奶每次吃药都"偷工减料"，弄得病情时好时坏，我暗暗笑她的小气和过分的节约。

一个多星期过去了，我对奶奶的态度由冷淡变成了不时的讥讽，而且发现了不少她的"缺点"。比如，吃饭总爱吃上顿剩下的或隔了天的，不吃新鲜的；吃鱼时从不碰鱼肉，而鱼尾的骨头几乎都跑到了她的碗里。每次妈妈做饭洗衣时，她总说"要帮忙"却总帮不上，倒成了个庞大的"障碍"，搞得妈妈哭笑不得……但因为她是长辈，我也不敢对她太放肆，只有爸妈不在家时才和她顶嘴或借机嘲笑。

一个星期五，爸妈都很忙，不在家，我也刚从课外班回来，没想到在楼下和人撞了车，溅了一身的泥，裤子还破了一个大洞。我心情不好，回家冲着奶奶嚷了一通，就把脏衣服往大盆里一扔，等妈妈回来洗。过了一会儿，我从房里出来看到奶奶一个人在过道里，坐在小凳子上，手里正在洗我的脏衣服，两条腿不能弯也不能直，只好叉在两边。她背驼得厉害，这会儿更弯了。她努力搓着，不住地喘着气。我不禁感到一些歉意，忙说："奶奶，您别洗了，回头让我妈洗吧！"奶奶抬起头，笑了笑，我原以为她又会说些"没关系"、"不要紧"之类的话，没想到她却说："露露啊，以后穿衣服要小心些啊！别总叫你妈给你洗，我这腿可就是年轻时洗衣服老沾凉水给种的病根子！……这衣服我待会儿洗完了给你补补，挺好的……今天晚上想吃啥？俺待会儿下去给你买……"她一面说着一面用力搓，胖胖的身子一上一下不住地移动，花白的头发抖着，我心中突然闪出了小的时候，奶奶带着我玩的画面，那宽大的肩膀，真是我童年的摇篮，给了我多少香甜的梦，可如今……看着奶奶的肥胖的身躯向前倾着，我突然明白了，奶奶对我无微不至的关怀，是她对我们这一辈的慈爱；吃药时的"偷工减料"是她心疼爸爸挣钱的辛苦；在妈妈做饭时想帮些忙，是因为她想为劳累了一天的儿媳减轻负担；这是奶奶对爸爸他们这一辈的疼爱。她那时洗衣服，一洗就是一家子的，却从来没有什么怨言，那是她对家人的关爱……可是她自己呢？却从未顾及，往往为了让我们生活得更好，她总是把最坏的留给自己，默默地看着他人幸福的笑容。这就是无私的爱啊！我突然悟到了，一股暖流注入我的心田。

　　"露露！想吃啥？说呀！"奶奶的声音打断了我的思绪，她已经洗完了衣服。我这才发现自己愣了半天，我急忙扶起奶奶，说道："奶奶！我陪您下去，您爱吃什么，我们就买什么！"奶奶惊讶的目光中透出了平时少有的无限的喜悦。我们一老一小，相视露出了欢悦的笑容……

韩露

心理点评
xin li dian ping

　　社会化的过程受到社会生活各个方面的影响，家庭实际上是家庭成员之间相互作用的复杂系统。除核心家庭外，三代或四代同堂的家庭和重要亲属也对青少年的社会化起着重要作用，学会爱，爱自己，爱父母，爱亲人，进而爱所在团体、家乡、学校，爱祖国，爱人类，爱地球，在这个大的系统中，找到"我"的位置。

　　《学会爱》向我们展现的这些良好的人际关系都将形成中学生对以后社会环境的期待和反应，亲人们以他们特有的方式向孩子们传授了文化的价值和态度。

我心依然

　　那是去年冬天的第一场雪，再没有心情去观赏它是否下得飘逸，只是当雪把一切都遮上一层苍白时，更让我感觉恐惧。我随母亲将那束白得扎眼的菊花放在了前楼张阿姨的相片前，平生第一次感觉"凶杀"离自己是如此的近。看着相片中那个微笑的女人——那个只因轻信别人，将凶手当作检查暖气的修理工"请"进家里而失去生命的张阿姨，平生从未有过的恐慌、惊惧一下子涌了出来，使我只想逃离。跪在一边的木林，张阿姨唯一的女儿向我回了个礼，她的目光是那样的复杂，积留在眼中的泪水隔断了任何显现她思维的信息，我知道，我无能为力。回家的路上，我又回头望了一下张阿姨家的阳台窗，中间的那扇被公安人员摘走了，因为窗上有凶手的指纹，有人曾看到凶手从阳台跳了下来。凛冽的风卷着雪从那残缺的阳台窗口闯入，我不敢再多看，因为看着它我就会在脑子中设想出一幕幕充满血腥的场面。

　　自从那以后，我就感觉自己是生活在充斥着危险的世界里，整日都是一副惴惴不安、胆小的模样。小区里很多住户都换了防盗门，我家也在其中。一寸多厚的铁门似乎可以让人少些恐惧，而我则觉得门上那个点点的"猫眼"和那扇两寸见方的小窗最能让我踏实。我开始用"猫眼"向外窥探，在万分不得已的情况下我才会打开小窗与外界交谈，这样，我似乎可以阻止那些危险对我的侵害，只有躲在"猫眼"和小窗的后面，似乎才能使我感到一丝安全。世界对我来说再不是多姿多彩，因为我开始用一种高度警惕的眼光去审视一切，任何危险因素都被那扇厚厚的门拒绝在外。这样的生活快使我崩溃了——我不得不置身于这个令我担惊受怕的世界，走在外面我会不安地环顾四周，保持警惕；每天放学我会冲上楼钻入家里，剧烈的心跳让我感到阵痛；只有拧紧那门上一道道的锁，我才能得到一丝安宁；偶尔听到一点声响，我都会好一阵的胆战心惊……

　　那是换门后不久的一个周末，我独自在家，我发现自己已不太习惯在家时的那种安静，因为我惧怕万一真的要出现什么情况，以我的力量再加上那层变轻的门也不能抵挡什么。突然门铃响了，那霎时发出的声音让我的心剧烈地跳了一阵，我像个贼似的蹑手蹑脚地走到门前，用我的"猫眼"向外观望。

　　"谁呀？"我警惕地问了一声。

　　"抄煤气表。"在门外有个30多岁的女人应道。说话时她放下手中的笔，抬头正朝着我的"猫眼"微笑了一下，她似乎很肯定我正在用"猫眼""监视"她。

　　这次我并没像往常那样打开门让她进屋，而且我很坚定，我绝不会开门！"对不起，阿姨，我父母刚刚出去时将我反锁在家，我不能为你开门。"我也不知道自己怎么会这么"顺理成章"地编出个谎言，但当时，我没有机会多考虑这些，只是谨慎地观察着外面的动静。

"是这样啊，那我就估个数先填上，下个月再找齐吧，我把表单插在你家门上。"说着，那女人将表单插在门缝上，转身又去敲邻居家的门。

我趴在门上一直注视着她抄完两家邻居的煤气表，一切都"安然无恙"。我呆在门口，心里空荡荡的，为那句谎言，也为那个本应就是如此，而我既期望如此，而又有一点点不期望如此的结局。

自此，那句谎言就成了我搪塞一切"不速之客"的"台词"，我并没有因为说它的次数多了，就习以为常，每次说完这句话我心里都有一种异样的感觉，而且一次比一次强烈。但只要我站在窗口望见张阿姨家那个残缺的窗口，这种异样的感觉就又会稍微平息一些。

大约一个月后的一天，又是我一人在家，门铃又一次响起，又是那个抄煤气表的女人，我又说了一遍那套谎言。这次，那女人什么也没说，只是在表单上填写了什么，然后撕下表单试图将表单顺着门缝插进来，她很费力，因为那层厚的铁门上上了一道又一道的锁，即使是一张薄薄的纸，也很难穿过门缝，但她似乎很确信她一定能成功，费了好半天的劲儿，表单终于穿了进来。我拾起表单，发现后面有一行字迹："我就住在13号楼，前些天我九岁的小女儿吓坏了。不过最近她好像又淡忘了，其实多加小心也是对的。"顿时，我只觉得胸口一阵闷痛，压抑了很久的情绪终于破堤涌出，我跑进房里扑倒在床上，像个九岁孩子受了委屈一样哭出了声音。其实，我是受了委屈的。我不愿意这样生活！谎言不是出自我真心，我是多么希望能敞开门真诚地与每一个人相对，让门外的人清晰地接收到我信任的眼神。可是，现实中又总是有那么多的丑陋与凶残抑制了我的本性。不！我不愿僵死在自己用恐惧筑成的塔中！我要自己走出来！

是的，现实社会不是我们理想中那个童话世界，的确有些人亵渎了自身的价值，同时更是亵渎了我们给予他的信任。他使我们受了伤，伤得很深，以至于我们耿耿于怀好久好久，为此我们绝望地关上了心"窗"，紧锁了心"门"，阻止沙尘再来感染我们的伤口，同时也放弃了阳光来温暖我们的心伤。我们以为这样就可以免受伤害，可其实自己亲手抑制了善良的本性，那种痛苦是更加难以负荷的。信任是善良人的本性之一，善良的人渴望得到别人的信任。有人解释说得到信任是一种幸福，可善良的人更需要付出信任，因为当你的信任找不到载体时，你会发现你所生活的世界是如此的危险，你要用高度警惕的眼光去审视你周围的一切，你活得惴惴不安，活得诚惶诚恐，这对生命来说才是一种真正的灾难，所以，能够付出信任，更是一种幸福。

今年第一场雪的早晨路过张阿姨家楼下，正巧木林打开窗户准备让屋子闻闻这别了一年的雪的味道，她朝我灿然一笑，我突然发现原来窗已经修补好了，而且它照样打开着迎接着将要到来的一切，因为它仍旧相信阳光！

肖潇

心理贴吧
xin li tie ba

肖潇：

为你的理解和信任叫好！

信任与不信任的矛盾运动，从出生开始，将伴着我们一直走下去。你说得很对，收获和付出信任，都是一种无比的幸福。只有在信任中，我们才能更好地成长。美国心理学家埃里克森（E. H. Erikson）就认为：人际关系中信任感与不信任感要有一定的比例，信任感应多于不信任感，才有利于心理发展。

所以，我们很高兴地看到当阳光依然升起时，你仍然选择了信任。不仅是你需要信任，期望信任，应该信任，更是因为有了信任，让我们再一次选择有价值、有意义的生活。

诚然，天空中还会有乌云，但太阳会照样升起；生活中会有寒流，但温暖的拍打已穿过铁门的阻断。假、丑、恶的存在，永远也无法击败我们对真、善、美的信念！

当明天来临，太阳再次升起时，我心依旧。信任，让我们永不分开。

附　录

书信与
日记

年轻的我们，大多都会有写书信、记日记的习惯。或是用日记本记录年轻的心事、让思绪在文字上舞蹈，享受飞翔的快乐；或是通过鸿雁传书，把平时不好意思当面说出的话用文字表达出来，与老师、父母和同伴交流沟通。无论是书信还是日记，都是我们真实情感的体现，更是成长的备忘录。相信通过分享一些同学的书信和日记，我们能够体会到一些普遍的问题和困惑，在对话和解答的过程中，能够有所收获吧！

怎样才能获得灵感？

老师：

您好！

我是一名高三学生，平时做事情时我喜欢独辟蹊径，做到事半功倍。平时做作业时，我发现有时候有的题目我不会做，我先不去管它，过了一会儿我再做时会突然觉得有了解题思路。因此我觉得考试解题时，灵感有重要的辅助作用。那么，如何激活解题时的灵感呢？

无名

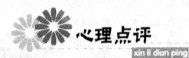

心理点评

xin li dian ping

高中生的思维具有很强的预见性，他们的生活经验日益丰富，科学知识增多，对事物之间的内在联系了解更深刻，对事物之间的规律能提出猜想，他们着眼未来，并能主动适应环境。这位中学生善于思考，并总结出了灵感的重要性。灵感，也叫"顿悟"，是指在注意力完全集中，意识极度敏锐的情况下，长期思考着的问题由于受到某一外界事物的刺激，忽然得到解决的心理过程。灵感的产生不是偶然的，而是长期勤奋努力的必然产物。

心理学家认为，灵感是人的全部高度积极的精神力量，一方面是高度的紧张劳动，一方面是高度的工作效率，冥思苦想之后，才能得到意想不到的收获。所以俄国音乐家柴可夫斯基说："灵感是这样一位客人，他不爱拜访懒惰者。"要获得灵感，首先要长期地思考某个问题。对问题的长期思索，必然会在大脑中留下接受某种信息的意向，一旦外界的某种刺激发出解决问题方法的信息，大脑就会马上接受，经过加工处理，解决问题的方案就会呈现在脑中。其次，思考问题时，注意力要集中，情绪要饱满。第三，要摆脱习惯思维的束缚。长期地用一个思路去研究问题，必然陷入思维定式，造成思路闭塞和僵化。可以暂时把问题搁在一边，或尝试换种思路去思考问题。第四，放松心情。灵感往往是在经过长期紧张的思考之后的暂时松弛状态下产生的。

鉴于考试时的情况与平时思考问题时的情况不一样，如何在有限的时间内激发解题的灵感或挖掘自身的潜能？首先，平时要打好扎实的基础，这样才会"熟能生巧"；第二，平时要有意识地锻炼自己"举一反三"的能力；第三，碰到难题时，不必过于紧张，要放松心情，或先做其他题目。总之，要激发考试时的灵感，功夫还在平时。

怎样才能获得好人缘？

老师：

您好！

我是一位高三的学生，我的学习成绩一向是很好的，所以总有一种优越感。但是进入高中以后，我越来越发现自己在社交能力、为人处世、待人接物方面简直一无是处，并发现自己自以为是，猜忌心理特别重，容易骄傲，所以三年以来同学关系没有搞好，希望您能给我一些帮助。

其实，我也是一个喜欢说笑的人，但是说起别人来不放心上，而别人说自己时却总是放不下，所以给人的印象总是很孤僻的。在高一时与同宿舍的同学闹了一些矛盾，他们就在背后说我的坏话，可能是我心理素质不行，所以整整一个星期都情绪低落。后来我去找了班主任，说要调班级，他说我调走太可惜了，就说让我放心学习，他会解决这件事情的。就这样我又活跃了一阵，和同学们在一起说说笑笑，但这样一来，成绩却来了个大滑坡。

我也知道这样下去不行，所以几乎把自己与他们隔绝开，一心学习。其实我也想改变，可是我现在除了会讲一些笑话吸引听众外，其他不知该讲些什么，以至于现在我连一个知心朋友也没有，即使有了朋友，我也不知道何时对他好，如何关心他。我现在很苦恼，眼下快要考大学了，我不希望因这方面的坏心情影响到高考。

人只要有一个真心朋友就足够了，我与其他班的同学交往时开始都不错，但后来觉得没有话说，就这样疏远了。真不知道怎样才能克服这一点。还有就是为什么一个看上去很圆滑的人，在现代社会才吃得开呢？我现在也搞不清我的性格是什么，好像是随着别人转的，没有主见，没有勇气。我这个人是不是毛病很多？但作为一个高三学生，我诚恳地向您请教，希望您能帮一下我这个从小就"很听话"的成年人，我不想被这个世界淘汰。

吴刚

心理点评

人际关系问题是困扰许多中学生的主要问题之一。影响人际关系的因素有自身因素，也有他人和环境因素。如果一个人与大多数人的关系相处不好，那就应该从自身方面找原因，包括自身的性格、脾气、心理品质、道德水准，以及在与他人交往时的自我认识、情绪、态度、行为等等，这些因素都会影响一个人的"人缘"。

一般"人缘"好的人具备如下几个方面的性格特征：尊重他人，关心他人，富于同情心；热心集体活动，对工作非常负责；持重、耐心、宽厚；热情、开朗、待人真诚；聪颖、爱独立思考、学习成绩优良；谦逊；兴趣广泛；有幽默感，但不尖酸、刻薄等。

"人缘"不好的原因是复杂的，但自身的某些心理上的原因不能忽视，一般以下这些心理因素常常阻碍人际交往：一是性格内向。性格内向的人不太愿意主动与人交往，久而久之，人们会觉得他难以接近，自然人际关系比较疏淡。二是心胸狭窄，妒忌心重。具有这种不良心理品质的人，往往既缺乏自知之明，又容不得他人，因此总得不到心理平衡，这种不平衡总要反映到其语言和行为上，这些言行往往断送了一个个朋友和人缘。三是多疑。产生疑心病的原因主要是心理成熟度较低，缺乏安全感，不太信任人，而在人际关系中没有信任，就没有沟通，自然也就难以建立良好的人际关系。四是自以为是，狂妄自大，瞧不起别人。这类人往往引起别人的反感。你对对方态度好，表现得谦虚、尊重，就能引起对方积极的情绪，对方也会报之以相应的良好的态度；反之，则会加大双方的心理距离。这位学生已经认识到自身性格上的某些缺点，那么就应该不断地完善自己的性格。

为什么她总觉得别人欺侮她？

老师：

您好！

我有点失落。这个世界上还有为别人着想的人吗？为什么我退一步别人反而会进一步？当有些人伤害别人时，他或她还能当什么事都没发生过，依旧嘻嘻哈哈，全然不顾别人的痛苦？当别人知道我委屈（不止一次），别人只会维护他（或她）而不会站在我这边，只因为平时我不与他们在一起嬉闹。是因为是非不分吗？那起码的道理也不讲？

我差点被他们逼疯了。尽管几位老师对我很好，可是我总觉得他们是在迁就我。我很倔，更脆弱。可是当我倔强地跟某某老师说"我不脆弱"时，他会对我说："我知道你很坚强……"当别人说出侮辱性话语时，我不会与之辩解，装出若无其事的样子，然后在漆黑的夜里任意游荡，到空无一人的操场痛哭，无人知道，胸口如压千斤石般沉重，气愤得几乎窒息。可是，我不在外人面前露出半点破绽，最终得到的是别人的猜忌、非议，于是更加苦闷，更不愿开口。而后有人谓之曰"她性格与常人不一样"，却从不反省。如果少一点猜疑，少一点逼人之势，我会这样吗？但是，不会有人考虑到我的感受的。因为从来都不会有人教育他们，要为他人着想。

有时候班主任会特意采纳我的言语在班会课上讲，于是我觉得他没有轻视我，他还是很好的。可是为什么总觉得他是在迁就我，在顺着我的性子做事？不解！有时候，我真的很羡慕富老师，做富老师多好！他好像什么事都不会放在心上，尽管不是很会说话，却是一个天生的乐天派。

我需要理智，需要学会与不喜欢的人交往（当然，不是讨厌）。可是，我又不会客套，接受别人帮助时，有时会觉得心安理得，不喜欢将"谢谢"挂在嘴上，就像对班主任，尽管他帮我很多，可是有时候我还是会耍起孩子脾气。

我希望自己能大度些，管别人怎么说呢，身正不怕影子斜，可是有时候却爱钻牛角尖；我希望自己成熟点，可是每次家里来客人都是他们先打招呼，要么就是一听见门铃就往房间跑，让家人去招呼。我希望自己能像一个大人，看清楚自己现在最重要的是学习，而不是去理会那些流言蜚语……总之，能像富老师那样就可以，可是我现在该怎么办？

龚群芳

心理点评
xin li dian ping

从来信中可以看出这位学生内心非常压抑，她压抑的原因来自于她认为别的同学经常侮辱取笑她。我们不排除在有的班级有个别学生会成为一些同学取笑的对象，但这位学生有一个让她尊敬和佩服的班主任，如果这样我们可以推断这个班级应该有良好的班风。这位学生之所以这样可能与她的"自我牵连倾向"有关。所谓"自我牵连倾向"，就是把别人的一些无关的言论、动作都看作与自己有关，或者将完全无关的外界景物视为同自己有关的某种信号。

应该说，任何人都具有某种程度的自我牵连倾向，正因为有这种特性，人才能保持对客观事物的敏感性，促使人们去探索事物的意义，采取行动。但是，如果这种自我牵连倾向过分发展，就可能导致对某些事件作出歪曲的判断，而这可能与她性格多疑有关。另外，从来信中，我们可以看出其人格特点带有回避型人格障碍的特征。这类人被别人批评指责后，常常感到自尊心受到了伤害而陷于痛苦，且很难从中解脱出来。他们害怕参加社交活动，担心自己的言行不当被人讥笑。回避型人格障碍一般来自于患者强烈的自卑心理和消极的自我暗示，对其治疗应该从消除其自卑感和进行人际交往训练着手。

为何我会失眠？

2008 年 5 月 20 日

睡不着已是第 17 天了。我并不是在说失眠症，因为我对失眠症多少有所体验。上个学期我有过一次类似失眠症的症状，之所以说是"类似"，是因为我没有把握断定它是否符合一般人所说的失眠。去医院我想可以弄清是否属于失眠症，但我没去。我觉得去也没用，这倒并非有什么特殊根据，而是仅仅出于一种直觉：去也白费。所以没去找医生，也始终未向家人、朋友提起。

"类似失眠症的症状"大约持续了一个月，一个月的时间我一次也没迎来正正规规的睡眠。晚间上床就想入睡，而在那一瞬间便条件反射一般睡意顿消。任凭怎么努力都睡不成。心中越是想睡越是清醒。也试过数数，毫不奏效。

天快亮时才好歹有些迷迷糊糊的感觉，可那很难称之为睡眠。我可以在指尖略微感觉出类似睡眠边缘的东西，而我的意识则醒着，或浅浅打个瞌睡。但我的意识在隔着一堵墙壁的邻室十二分清醒地紧紧监护着我。我的肉体在迷离晨光中往来彷徨，而又在近在咫尺的地方不断感受到我自身意识的视线和喘息。我既是急于睡眠的肉体，又是力图清醒的意识。

如此残缺不全的瞌睡藕断丝连整整一天。我的脑袋总是那么昏昏沉沉朦朦胧胧，我没有办法确认事物的准确距离及其质量和感触，瞌睡每隔一定时间便如波涛一样打来。在公交车的座位，在教室的桌前或在晚饭席间，我都不知不觉打个瞌睡。意识轻快地离开我的身体，世界静悄悄地摇颤不已。我把东西一股脑儿扫下地板，铅笔手袋刀叉出声地掉在地上。我恨不得就势伏在那里大睡一场，但就是不成。醒就像无时无刻不贴在我身边的影子。瞌睡中我心里纳闷：我生活在自身影子之中。我边打瞌睡边走路边吃喝边交谈。但费解的是，周围的人似乎都未注意到我处于如此极限的状态，一个月时间我居然瘦了6斤。然而无论家人还是朋友全都无动于衷，都没意识到我一直在瞌睡中生活。

是的，我的的确确是在瞌睡中生活。我的身体如溺水一般失去感觉，一切迟钝而浑浊，仿佛自己在人世生存这一状况本身成了飘忽不定的幻觉，想必一阵大风即可将我的肉体刮到天涯海角，刮到世界尽头一个见所未见闻所未闻的地方。我的肉体将永远同我的意识天各一方，所以我很想紧紧抓住什么。但无论我怎么四下寻找，都找不到可以扑上去的物体。

不料有一天，这一切戛然而止，无任何预兆，无任何外因，终止得甚为唐突。早餐桌上我突然感到一股天旋地转的困意，我不声不响地离开座位，钻进被窝，就这么睡了过去，前后27个小时。27小时我睡得纹丝不动，而醒来时，我又返回一如从前的我。

我不明白自己为何得了失眠症，又为何突然不治而愈，竟如远处被风吹来的厚重的阴云，云中满满地塞着我不晓得的不祥之物，谁都不知道它来自何处，遁往何方。总之，它走了，不辞而别。

佚名

心理点评 xin li dian ping

这篇日记是在我们的征文中发现的，作者详细地描述了自己失眠过程中深刻的内心体验。其实，失眠是一种最常见、最普遍的睡眠障碍。据国外的统计，有过失眠体验的人约占56%以上。造成失眠的心理原因很多，其中情绪紧张不安，心情抑郁，过于兴奋，生气、愤怒等是较为常见的原因。此外，疲劳也是导致失眠的一个原因。失眠对于人的身心的影响是很大的。失眠会使人精力不足，精神萎靡，注意力不集中，情绪低沉，使人急躁、紧张、易发脾气，降低人的学习效率与工作效率。若长期失眠则可能使人的感受能力降低，记忆力减退，思维的灵活性减弱。那么如何克服失眠呢？

我们主要从心理学的角度提供一些建议：

第一，消除对失眠的紧张和恐惧心理。研究表明，失眠对人的心理影响程度不仅取决于失眠时间的长短和严重程度，而且还在相当大的程度上取决于失眠者对失眠的认识及态度。有的人把失眠看得很重，失眠之中看钟点，觉得自己没有睡足八小时就心情紧张。特别是有习惯性失眠的人，一到床上准备睡觉时，情绪顿时紧张起来，怕睡不着，结果越怕越睡不着。

第二，讲究睡前的心理卫生。睡前最好不要从事繁重的脑力劳动（如写作、激烈的争辩等）。如果必须从事这些活动的话，以到室外散步或听听音乐等再睡觉为宜。睡前情绪不能过于激动、兴奋，更不能生气、发怒，保持宁静的心情，就有利于快些入睡。

第三，注意劳逸结合。要学会调剂过重的脑力劳动，以免使大脑皮层兴奋和抑制过程失调。

怎样克服偏执性格？

老师：

您好！

我是一个性格比较孤僻的人，经常喜欢一个人呆在一个僻静的地方，而且不喜欢与人交往，因此常常在一些集体场合有一种压抑感。我不管做什么事情都喜欢一个人，由于我的这种孤僻性格，在很多活动中常被老师和同学冷落。

由于很少有人与我交往，所以我的自卑感越来越强，也许同学、老师认为我没有什么才能，"朽木不可雕"。但是我又有反叛心理，经常嫉妒其他同学的长处（学习成绩、体育方面的能力等等），于是我下定决心要超过他们。但是在努力提高自己能力的同时，由于常常失败而会对他们产生憎恨，一种让人无法理解的恨之入骨的憎恨。在我失败时会憎恨自己的能力很差，甚至在与其他同学比较学习成绩、下棋的技术或其他方面的能力时，当我比不上他们时，内心有一种无法表达的痛苦和愤怒。当我无法战胜对手，屡遭失败时，我会变得很惆怅，觉得一切都完蛋了，没有希望。只有当我的能力超过他们时，这种痛苦才会消失。但是人外有人，我永远都不可能成为最强，所以我有一段时间生活在这种内心的痛苦之中。如果谁错怪了我（一般指老师），我会非常地恨他，甚至希望他被车撞死。

因为我有这样的心理，有些举动连我自己都无法理解。例如，在我受到委屈的时候，我会用拳头打在墙上，觉得这样做会让我的心理好过些，所以我的生活中缺少快乐的阳光。希望老师能给我指点迷津，让我摆脱这种痛苦的阴影。

朱健兵

心理点评

xin li dian ping

从来信中我们可以看出，这位学生的性格有些偏执。偏执性格又称多疑与执拗性格，其特点是：对自己的能力估计过高，惯于把失败归咎于别人；对批评特别敏感，好胜心强，有强烈的自尊心，看问题主观片面，往往言过其实；同时又很自卑，好嫉妒，在失败的时候，时常迁怒于人而原谅自己，往往认为自己成了别人阴谋的牺牲品。他们总是以怀疑的眼光看待社会、看待别人、看待一切，似乎一切都是有害于他的。

研究表明：青年人形成这种偏执性格的原因，主要是因为小时候受到家长无原则的迁就、宠爱，听惯了表扬，家庭生活以他为中心；平时对自己缺乏正确的认识，主观想法与客观现实不符；有时明知不对，但又爱面子，没有勇气去改正。具有这种性格的人，由于多疑又多心，常影响同学、师生之间的关系，而且偏执性格的不良表现在不顺意的逆境中会加重，一部分人甚至会形成偏执型精神病。所以，青年人有必要预防和克服偏执性格变态心理的发生。那么，如何克服呢？

首先，确定正确的人生观、世界观，树立一个终身追求的目标，这样能使人正确地认识自己和现实的关系，看到自身的种种不足，认准陶冶自己性格的必要性和目的性。

其次，有这种性格的人，要注意认识自己性格上的弱点，主观上应努力做到更多地相信他人，尊重他人，尊重事实，宽以待人，严于律己，勇于克服自己思维的片面性。

再次，锻炼自我控制的能力。要善于控制自己，合理地控制自己的行为和态度，但不是自我折磨，自轻自贱。

最后，对不良行为习惯进行自我调节，及时纠正。如发现自己不愿多说话，喜欢一个人独处，这是性格内向的缺点，就应多出去走走，主动与人交谈，大声说话，多交些朋友。

为什么我总是不停地幻想？

老师：

您好！

我是鼓足了很大的勇气才提笔给您写这封信的，因为从小到大，无论是快乐的事还是伤心的事，我总把它深藏在心中，不愿告诉我的亲人、朋友以及我所认识的人，也许正因为我们彼此不认识，我才有勇气写这封信。

我是一个爱幻想的女孩子，总喜欢由某一事或物而编出一连串的故事，有时在梦中遇到奇怪的人或事，一有空我就继续我的幻想。但进入高三以后，我不仅课间想、睡觉时想，就连我所认为的枯燥的习题课上，都不曾停止过。也许正因为这样，高三以后我的成绩一落千丈。虽然，每次上课开小差时，我总提醒自己"再这样下去，成绩会越来越差"，但这些都无济于事。

每当进入考场，做题时，我总觉得题目很简单，有时不免也出现我所编的故事片段，想忘都忘不了。就这样，一份自以为简单的试卷考下来却一塌糊涂。我不知道在剩下的不足100天的时间里，我能不能抛开这一切一切的情节。

除了成绩常常令我苦恼外，不时地有一种悲伤袭击我。有时，前一刻还兴奋不已的我，突然间变得很空虚，呆呆地望着窗外，望着那些路灯。如果周围没有人，我定会痛哭一场，但在同学面前，我忍住了，只有泪水在眼眶里打转。傻呆了一会儿，我又很快恢复过来，好像泪水就是使我不开心的罪魁祸首，一旦排除体外，一切又畅通无阻。我不知道自己怎么会有如此变化无常的心情，也许……

冯丽芳

心理点评
xin li dian ping

幻想，是青春期常见的一种现象，是青少年富于想象力的表现。他们为了摆脱烦躁不安的心境，就希望通过一种自我所企求的未来来抒发自己郁闷的情感，他们通过幻想来满足自己的某种需要。心理学的知识告诉我们，一个人的情感越丰富，他的想象也越活跃。幻想既是对易于波动并潜藏不安的情绪特点的一种自我调节机制，又是青少年进行创造性想象活动的动力。正因为幻想是一个人对于自我所企求的未来事物进行的一种情绪性的想象活动，所以，幻想可以使人预见未来或理想中的远景，缓冲情绪的激动状态，但是要适可而止。

上面这位学生是位爱幻想的女孩，但她的幻想已明显影响到她的学习。因此应当用一定的意志力克制自己"无处不在"的幻想。

怎样克服考试焦虑？

老师：

您好！

考试时我总有一段时间（一般是考试前一段时间）感到身上或其他地方不舒服，精神不集中，不知该怎么办？

李中霞

老师：

您好！

以前我的成绩还可以，但进入高三下学期，就开始莫名地紧张、烦躁，模一模二的接连失利，使我更失去了信心。在考试进行中，我会莫名地害怕，害怕考得不好。在平时的复习中，我找不到适合自己的复习方法。如何找回那份自信，剔除自己那份焦躁的心情？如何不将别人的评论放在心上？

许维亚

老师：

您好！

我在考试过程中，不能完全抛除杂念。我也曾作过努力，可效果一直不是很好，而且高度紧张，过后就一片空白，考试中应该注意的细节问题也忘了，导致成绩一直不理想。

潘春香

老师：

您好！

我在考试时时常遇到一些题目做不出来，那时我就会很紧张，一紧张就肚子疼，就想上厕所！请问老师我该怎么办？

毛晓庆

老师：

您好！

在考试中，我总觉得前面做得还可以，可是后面越来越不顺，心理就会随之紧张，越紧张，我就越想不起来，造成最后很多题目都完不成，我该如何调节？

张鹰

老师：

您好！

我一紧张就想上厕所，该怎么办？有时候就在厕所里出不来了。我一紧张，就会全身一点力气也没有。

苗晴

心理点评

xin li dian ping

考前焦虑是许多学生特别是高三学生经常碰到的问题，上面就是几个学生对自己考前焦虑的不同情况的描述。考前焦虑除持续的忧虑、不安、担心和恐慌外，常常伴有明显的运动性不安和各种躯体上的不舒服感觉。对于焦虑症的治疗，严重的可以采用药物治疗，较轻的可以采用心理治疗。心理治疗有各种形式，如自我松弛训练、气功、生物反馈疗法等等，可以在医生的指导下进行。

一般产生焦虑症的学生，性格大多为胆小怕事，做事情瞻前顾后、犹豫不决，对新事物、新环境的适应能力差，如果遇上一些重要的事情，便十分容易出现焦虑症。因此要预防考试焦虑的产生，从根本上讲就是要培养自己坚强的性格，增强自信，树立正确的考试态度，同时考试前要作好充分的准备，保证充足的睡眠。考试时，如果出现紧张情绪，可以伏在桌上休息片刻，可以想一件有趣的事，也可以默默地唱几句熟悉的歌曲，可以默默地数数等，这些方法都可以对紧张的心情起到一定的缓解作用。

神经衰弱怎么办？

老师：

您好！

不知从何时起，我突然对做广播操有了恐惧感，特别是那些有节奏的，我受不了，这是一种"说不清楚"的感觉，还有那些刺激性的如

179

摩托车之类的交通工具发出的声响，我也会害怕，这到底是为什么？

潘清芳

老师：

您好！

有个问题始终伴随着我的每一次考试。我在考试时，脑中总是灌满了音乐和旋律，很难使自己进入考试状态。有时，做题做到一半时，脑中又会闪出"声音"，无法全身心投入。

请问，我该如何控制自己，使自己一心一意地投入到考试中去？

无名

老师：

您好！

有时我觉得学习一点动力也没有，没冲劲怎么办？

有时我会觉得很窒息，会大口大口地喘气，似乎嘴巴合上就透不过气来。

还有听音乐有没有调节作用，听久了怎么会厌烦呢？

朱爱华

老师：

您好！

我对气味（有香味的如香水之类的东西）特别敏感。天热时也特别爱头痛，特别是刚进入考场时，那种闷热的空气往往使我感到胸闷。考试时，有时我会觉得脑子绷得很紧，该怎么办？如果住在宿舍里，而宿舍里又没有电风扇之类的设备，就会感到很热。该怎么解决由热引起的烦躁感？

姚静

心理点评

xin li dian ping

上面四位同学描述了各自不同程度的情绪兴奋性症状，根据他们的描述可以判断他们患有程度不同的神经衰弱症。神经衰弱通常被医生诊断为生理疾病，其实，它与心理的联系很密切，也可看做是青春期常见的一种心理疾病。

神经衰弱的一般表现为：身体疲乏无力，头疼头晕，性情烦躁，好发怒，易冲动，注意力不集中，记忆力不好，学习成绩下降，入睡困难，多梦易醒，胆子极小，白天害怕声音和强光，对响声常常发生心悸心慌，等等。从心理学角度而言，神经衰弱是由心因性障碍引起的高级神经活动过程过度紧张所造成的，抑制过程和兴奋过程的弱化及兴奋性和易疲劳性的增加，便产生了一系列全身不适的症状。患有神经衰弱后，会严重影响病人的工作和学习，因此要积极予以治疗。

具体应注意以下几点：

第一，对人的心理作用有一个正确的科学的认识，建立起治愈该病的信心。

第二，适当减轻自己的工作和学习负担，进行积极的休息，尤其是要坚持户外活动和体育锻炼，这样可以减轻心理疲劳的反应。另外，要保证充足的睡眠时间。

第三，注意克服有害的自我暗示。有些病人对疾病非常敏感，总是把注意力集中在病痛上，这对治疗十分不利。应注意培养生活中的各种兴趣，以帮助分散注意力，同时树立达观的生活态度。

怎样克服自卑？

老师：

您好！

我，外表开朗，活泼好动，但是很多时候，我喜欢孤独，可又很害怕孤独。我不善交际，很敏感、多疑，这让我活得很累很累。我也曾有轻生的念头，但我从不敢也不愿告诉任何人。我知道自己在别人眼里很差劲，我不知该怎么办！我恳求您能给我一点帮助。

富饶

心理点评

xin li dian ping

上面这位同学由于自卑而表现为精神沮丧，情绪压抑，甚至有轻生的念头，这是很危险的倾向。在心理学上自卑属于性格上的缺陷，表现为对自己的能力和品质作出过低的评价。由于青年人特别注意与别人的关系和别人对自己的评价，因而自我意识和自尊心较强，表现为多思善虑，敏感多疑；对有竞争性的活动，因怕受到挫折被人笑话而采取"退避三舍"的态度。不善自我表现和孤独的自我封闭，会给别人造成不佳的看法，而这种看法又会加重自卑感。自卑感是青年人心理上的一种"失调"。要想克服自卑心理，关键在于保持心理上的平衡。

具体做法如下：

第一，培养自信心理。对自己作正确的分析，要多看自己的长处，不能让一些缺点限制住自己优点的发扬。

第二，正确对待每一件事情。在做一件事情之前，坚信自己能干好，但在具体实行时，又要考虑应有的困难，这样即使遇到困难或遭到失败，也会由于事先在心理上作了准备而不致造成心理上的失调。

第三，正确地补偿自己。可以"以勤补拙"，"扬长补短"。

第四，注意首次的成功。战胜自卑感，从行动上而言总会有第一次。一般来说，自卑感强的人应尽量先做力所能及、把握较大的事情，成功了第一次，就可以增强自信心。

怎样改掉注意力不集中的毛病?

老师:

您好!

我在做作业时,总会以眼睛的余光注意到周围的事物,使我不能完全投入。我该怎么办?

李静娟

老师:

您好!

每次考试,当我遇到比较困难的题目后,如果在三四分钟内仍没有想出方法时,我就开始难以集中思想,甚至胡思乱想起别的东西。请问这时怎样才能使我集中精神?

於建林

老师:

您好!

我考试时会经常胡思乱想,无法专心致志地做题,要经过一段时间才能进入状态。请问老师,我如何才能在较短的时间内就进入状态?

黄振华

老师:

您好!

我有个老毛病,无论大小考,刚开始总进入不了状态,属于"慢热",而且考试中会精神不集中,胡思乱想,做题效率太低。请您指点迷津。

朱斌

老师：

您好！

如何克服平时看书、做作业时的思想不集中？老师，我在考试时脑子里怎么会总是有电视剧中的片段，以致考试的时候思想不集中，尤其是一旦遇到难题，心一慌，思维就停顿，又开始"放电影"了，同时还会夹杂一些复杂的思想情绪。

丁秋菊

心理点评
xin li dian ping

以上几位同学分别谈到了自己在做作业、考试、看书等情况下，注意力不集中的现象。心理学告诉我们，注意力是心理活动对一定对象的指向和集中，注意力本身并不是一种独立的心理过程，而是感觉、知觉、记忆、思维等心理过程的一种共同的特性。注意力不集中的因素很多，比如自控能力不足，目标压强不够；外界环境的干扰；不注意用脑卫生，大脑疲劳常常使注意力分散；自身主客观条件对集中注意力也有影响，如生病、疲倦、情绪波动等都容易引起注意力分散。

因此，当我们感到自己注意力不集中的时候，不用恐慌，这是非常正常的事情，先分析一下自己注意力不集中的原因，然后有针对性地进行心理协调，就会使注意力集中而少受干扰。对由于外界环境而引起的注意力不集中，可以换一个环境；对由于疲倦、情绪等引起的注意力不集中，要注意调节用脑时间，使大脑得到充分的休息等；对由于自控能力不足而引起的注意力不集中，应该不断培养自己的自控能力，给自己定下一个任务，不断提醒和鞭策自己要完成任务。

我是"个人主义者"吗？

老师：

您好！

这次来信我想和您交流一下关于思想意识方面的问题。

我这个人在兴趣爱好或学习上恒心不长，但在个人观念上有很强的立场。这次我给您写信，也是自己潜意识逼迫自己的，最近我开始怀疑自己以前的观念是否正确。

以前，我是一个个人主见很强的男孩（直到写这封信之前），我从不怀疑自己的观念和想法是错误的。曾经有人开玩笑地说我是"现代鲁迅"。由于我对现实社会具有很强烈的不满，使我的思维方式跟其他人不一样，也正是如此使我的人际关系和家庭关系在思想这一方面受破坏，从而导致我从小时候的天真到现在思想上的孤僻。

在平时和家长或同学的交流中，我好像强求别人的思想与我融合，这是否是唯心主义的最突出的表现——个人主义？以前我自己认为是个人主观，如今我对自己的思想产生一种朦胧的感觉，怀疑自己是否陷入唯心主义的泥潭。到底如何区别"个人主观意见"和"个人主义"？为了使您更方便、更快地作出回答，我提供了以下材料（也许掺杂了些迷信因素）：

喜欢颜色：蓝、白。宠物：狗。个人性格：有很强的同情心，多愁善感，喜欢深化问题。其他特点：写文章一般是批判型的，看问题有点片面，但总是跟那些奉承者对着干。

批判的对象往往是一些掌权者、有势力的人。我的论文观点往往是人们想不到的。

张俭

心理点评
xin li dian ping

　　从来信可以看出，作者正处于对自我进行探索、内省的时期。到了中学阶段，儿童时期那种较稳定而笼统的"我"被打破了，分化成了两个"我"：观察者的"我"和被观察者的"我"。高中生要比初中生更善于从旁观者的新角度来观察自己，更善于内省、思考自己和自己的问题。他们急切地想了解自己，因此任何与自己有关的星座、血型、生辰的说法都能引起他们强烈的兴趣。主体"我"的苏醒，常常使中学生长久地沉浸在自己的内心世界中。他们充满自我炫耀的冲动，常常表现出标新立异、哗众取宠的举动，开始不把权威、传统和社会规范放在眼里，唯我独尊，我行我素，总是强调和维护自己，这种表现很容易被社会误认为是妄自尊大、自私自利，而事实上他们还是脆弱和不自信的，他们渴望得到周围人的承认和赞许以加强对自我的肯定。虽然高中生已开始深入到自己的内心世界，开始认识自己，但其自我认识还未达到比较全面而深刻的水平。

　　从信中可以看出，作者对自己的评价还不很恰当，首先他不清楚"唯心主义"和"个人主义"是两个不同的概念，其次他的关于一些"与众不同"的见解也没有惊世骇俗之处。因此如何正确地评价和认识自己，一般可以通过以下途径来实现：

　　第一，以他人为镜来认识自己。在与他人交往时，一方面看到他人的一些特点后，可以将这些特点迁移到自己身上，从而认识自身与他人的一些共同的东西。另一方面可通过他人对自己的评价和态度来认识自己。

　　第二，以自己活动的结果为镜认识自己。人对外界环境的反映和活动，展示了人自身的体力、智力、品德等本质力量。因此对自己活动结果的分析，是高中生自我认识的有效途径。

　　第三，通过对自己内部世界的分析来认识自己。自我观察需要良好的心境和积极的态度，同时，客观地认识自己需要一个正确的认识方法。因此，高中生正确认识自己需要不断完善知识结构，虚心接受长辈的教导。

这个世界不能没有太阳

2007 年 8 月 31 日　星期四　大雨

才上车不久，雨便"哗啦啦"地降了下来，闪电不时地放出一道道白光，像一把把锋利的刀，要将天空撕裂，滚滚的雷声接踵而至。

闪电，撕开了蒙在我心头的那层恐惧的阴影；雷声，敲响了我原本平静如水的心。

车缓缓开动，心也趋于平静，淡淡地望着窗外在雨中"求生"的人们。他们失去了从事日常工作的心情，一切都显得杂乱无章，使得人类不得不承认伟大的自然界威力的存在。

目的地接近了，车停下了，只有我一个人，孤独笼罩在我周围，犹如步入一个正在飞速旋转的旋涡。我不得不下车，进入雨中，也许已被淋透，却仍护着手中沉甸甸的书。雨，蒙住了我的眼，却更冲亮了我的心，我仍能清晰地感觉到路边玻璃拉门中那冷漠的眼神，那交叉在胸前的无所事事的双手。我多么无助，多么孤独，眼泪快要涌出，好想肆无忌惮地发泄内心的痛苦，与天地共泣。但我不能，我告诫自己决不可以流下一滴眼泪，因为你不是弱者。在这冰凉的世界，你不应奢望有人来帮你，一切都只能靠自己。

也许在雷锋的时代，会有人上前为你撑起一把伞，同时也为你破碎的心抚平伤痕。然而世界，无时无刻不在变化。在社会主义现代化建设逐步前进，而人们又开始不断地努力提高自身素质和文化知识的同时，人与人的关系开始冷漠，也许并不亚于鲁迅笔下的《孔乙己》。

一切的一切，令我对这世界的怀疑不断加深，我不信任任何人，包括自己的亲人。对我而言，人们之间只有利用，毫无真诚可言。这些，会使我变得坚强，使我不断提醒自己不要奢望去依靠任何人，只有自己才是最可靠的。尽管如此，我仍希望有朝一日人们心中会充满阳光，互相信任，互相帮助，因为我们的世界不能没有太阳！

那是我有生以来第一次真正感受到"世态炎凉"这个词的真正含义。但我仍不断嘲讽自己当时为什么会产生希望有人来帮助自己那种愚蠢的念头。也许，这正是人类怯懦的一面在作怪吧。

不懂得去信任人，心灵便没有依托，那是痛苦的。而在当今社会大潮中所产生的种种现象又令多少颗心灵都感到阵阵寒意。前面的路令人迷茫和不安……

郎雪平

心理点评
xin li dian ping

这位作者主要描述了自己对于"世态炎凉"的内心体验。在高中阶段，一个人开始对人生进行广泛而深入的观察，并在观察中思考人生的真谛，探索人生道路，初步形成对人生的基本看法。但是，这一时期的高中生对人生的思考所涉及的面还不很宽，看法还不稳定，同时由于高中生具有强烈而敏感的自尊心和较高的受尊重和自我发展的需要，因此他们常常容易因为一件偶然的事情、一种思想体系或一本文艺书籍而改变对人生的看法，容易产生悲观失望的情绪。当然社会环境和家庭环境对高中生的影响是非常大的，社会环境中难免有一些阴暗面和复杂因素，因此对于学校和家庭来说，应对高中生进行正确和客观的引导，使他们对世界有一个全面而正确的评价。而对于学生来说则应拓宽自己的知识面，以正确的理论观点来认识和评价世界。

渴望成熟

2008 年 9 月 15 日

满身稚气地跨进高中，老气横秋地跨出高中，这是什么？这便是成熟。面对成熟有人不知所措，有人却坦然处之。就这样，成熟在每个人的心中有不同的答案。无论在什么时候，异性身上总是有一种神秘感，强烈的好奇心自然会使一些人想入非非，走入歧途。正如许多老师所说的，异性同学之间的友谊是十分正常的，现在的我们却又很容易使这份友谊过分"升华"以至不可控制。又有人说："18 岁做 18 岁的事"，"28 岁做 28 岁的事"，无非都在劝诫我们应该正确面对异性间的友谊和成熟。这样看来，成熟便是一座十分活跃的火山。

尽管成熟有时使我们茫然，可成熟使我们更理性。

那个原来光靠感性去看问题、办事情的幼稚的孩子，似乎脱胎换骨，鼻梁上的眼镜，还有理性的眼神，处处流露无遗。还有课桌上的厚厚的书，无时无刻不在指导我们如何用理性去面对世界。例如，现在的我们面对矛盾，已经很少用不理智的甚至是野蛮的方法去解决。阐明利害，做双方工作，化解矛盾，这才是成熟的本色，成熟的本色便是一副没有颜色的眼镜。

成熟带给我的不仅仅是理性的头脑，还有丰富的情感。

我们懂得同学间的友谊，懂得赞美它；当我们失去它的时候会哭泣，当我们得到它的时候会欢笑。成熟带来的丰富的情感使我们笔端生辉，一篇篇激浊扬清、爱憎分明的佳作，宣泄我们的心声。我们懂得爱什么——爱世界一切可爱之事；恨什么——恨世间一切可憎之事，成熟是我们心中的一块彩色的调色板。

成熟有什么好？成熟了就该枯萎了。

但没有成熟又将使我们失望，失望于我们的不够努力及时光的蹉跎，失望于我们的不够坚韧以及我们的功败垂成，甚至失望于我们的性格和命运。

何况，我们不总是在记着那个春天的希望吗？

那么，人生就还是要一个成熟吧，因为成熟里含着你人生的意义呢。

哪怕是随后便飘零了也罢。

成熟带给我们的不是蹉跎，更不是茫然，而是无限的希望。

于晨

心理点评

文中作者抒发了对"成熟"的感悟和体会。成熟包括生理成熟和心理成熟。一般生理成熟随着年龄的增长能够自然完成，而心理成熟则不一定和年龄相关，有些人年纪虽大，但处理事情还像小孩子似的不成熟。成熟不仅仅是"理智"，而"老气横秋"也不是判断成熟的标准。心理成熟一般包括以下几个方面：（1）行事有主见，有原则，不以别人的善恶作为自己行事的标准；（2）承认人生中有光明的一面和黑暗的一面，并有容忍和谅解的胸襟；（3）能够接受别人的优点和缺点，懂得怎样与别人相处；（4）充分明白"人必先自爱而后爱之，人必先自助而后助之"的道理；（5）懂得良好的动机未必会带来良好的后果，确认手段与目的之不可分；（6）不"以人废言"，懂得"以事论事"而不"以人论事"；（7）不会坠入"非此即彼"、"非黑即白"的两极思考陷阱，明白在事物的两极之间往往有一系列的中间状态；（8）明白"人比人，气死人"的道理，不拿自己跟别人滥加比较；（9）懂得人与人之间的沟通是世界上最困难最有意义的事，而封闭自傲的心灵正是这一沟通的最大敌人；（10）明白世事万物——包括自己的思想和信念，都在变动中进行，并且要有"以今日之我战胜昨日之我"的勇气。

如何对待成功和挫折？

2008 年 3 月 21 日

我像所有正在成长中的女孩子一样，有着一颗自尊、敏感、脆弱的心。我一直希望自己能像男孩子一样刚强、勇敢、无所顾忌，但我做不到，因为我无法甩掉压了我三年的包袱，那就是"自卑"。

我不知道是否真有天生就自卑的人，至少我不是。三年前，那时我还是个初中生，应该是个自负又任性的小孩，初二时我连续在两次大型考试中取得了年级第一的好成绩，原来在班级中排名第一、第二的我一下子成了老师注意的对象。但是在初三的几次联考中，我的名次一落千丈，从年级第一滑到班级第七，我记得最差的一次排到年级第二十三名，以致最后没有考上理想的高中。虽然这段经历在别人看来只是我成长过程中轻描淡写的一笔，而这从第一到第二十三的变化对一个自负又任性的女孩来说是太突然了。最糟糕的是我到现在还不明白当初为什么考到年级第一，更不明白为什么又会……"但那时我的心情、身体状况都很糟。与试卷、分数、眼泪、医院相伴的日子终究从我的生命之河中流走了。当我得知自己的中考成绩时，我很平静，当我拿到高中录取通知书时，我还是很平静，连我自己也惊讶于自己的平静。

走进高中，我以为那段日子永远流走了，我以为我的平静足以证明那段日子所带来的影响是微乎其微的。但是我错了。时间越来越证明了这一点。往事的苦水随着时间的流逝一点一滴地注满了我脆弱的心灵，平静的海面下隐藏着汹涌的波涛，彻底地掀翻了我自负和任性的小船，只留下了两个字——"自卑"。

三年的高中生活，我就是在自卑的汪洋中挣扎。老师和同学都认为我是个优秀的学生，也是极其谦逊的学生。但他们也许不知道，这一切都源于我的自卑。

自卑让我勤奋学习，自卑让我学习身边每一个人的长处，自卑让我无法满足于已取得的成绩，这也许是自卑的好处。但是，因为自卑，我无法感受到快乐，即使在成功的时候也无法获得真正的快乐。也许是因为我还没有真正成功，还没有找到我不再自卑的理由。

我把希望的风帆迎向了6月的方向。三年前的中考是我自卑的起点，所以我希望三年后的高考将是我自卑的终点。我希望用一个成功的高考来证明我自己。

但是，随着高考的日益临近，我也更加的迷惘，我的自卑心理又一次搅动了我并不平静的心湖。对成功的渴求也就带来了对失败的恐惧，即使我已经做好最坏的打算。

"走吧，走吧，人总要学着自己长大……"就像歌词里所写的一样，即使无奈，即使自卑，即使哀伤，路总是要走下去的。而且我要走的路还很长，我只是希望在以后的道路上不再有自卑相伴，我也希望这与自卑相伴的路途终将是我人生的一笔财富。就像普希金的诗中所说：假如生活欺骗了你/不要悲伤，不要心急/忧郁的日子将会来临/心儿总向往着未来/现在却常是忧郁/一切都是瞬间/一切都将会过去/而那过去了的，就会成为亲切的怀恋。

刘洋

心理点评
xin li dian ping

虽然作者题目是"与自卑相伴"，但我们所看到的却是一个学生由于对成功的极度追求和中考失败所带来的阴影两者相互作用而导致的对失败的恐惧心理。从文中可以看出，作者原是一名成绩优秀的学生，而且现在仍被同学和老师认为是"优秀"的学生，然而也许还没有达到作者的目标，所以作者对自己仍然不满意。类似这样的学生很多，他们曾经是老师和同学注意的中心，这一方面助长了他们的自负心理，使他们对自己的期望和评价过高；另一方面也使他们对挫折的承受力非常差，一旦遇到事与愿违的事，就会惊慌失措，不知如何是好，产生消极悲观的情绪，最终选择逃避现实的出路。如何正确对待挫折？

首先，要正确地认识和评价自己，对失败作一个正确的归因。低估和高估自己的能力都是不正确的自我认识。低估自己的人，容易把失败看做是自己能力差的一个证明；而高估自己的人，则容易把失败看做是偶然的原因，但若连续几次失败则容易使他们一蹶不振。只有对自己有一个正确的认识，才能对失败有一个正确的归因。

其次，对成功有一个正确的认识。有的学生认为成绩名列前茅或者考上名牌大学就是成功，这样在学习过程中难免患得患失。

最后，学会应付由挫折而引起的焦虑情绪的方法。例如发泄、情感升华或转移注意力，积极从事文娱体育活动、旅游等，还可以采用精神发泄法以自由表达受压抑的情感。

如何对待理想与现实的矛盾？

老师：

您好！

未来对于我的吸引力不是很大，而我对现实与理论的差异性比较困惑，理想的概念对于我还比较模糊，因为现实给我留下了许多不解。就是高考，我也只是像对待一场屠杀而已，怎么办？

周欢

老师：

您好！

我的未来如何？有何长远目标？……一系列问题时常困扰着我。对于现在，我只知道学习学习再学习，但以后怎么办呢？

蒋红鹃

心理点评

xin li dian ping

　　高中生大多有自己的理想，对未来充满幻想和希望，对一些具体的事情，如求学、职业、爱情等都有自己的设计，然而这种"设计"能否实现总受到各种现实条件的限制，如学习成绩、能力、外貌等，这常使一些自觉自身现实条件不理想的学生对未来感到迷惘和失落，有的学生甚至开始悲观厌世。那么，高中生面对理想和现实的矛盾，如何提高自己的心理素质和社会适应能力呢？

　　具体来说要做到：

　　第一，提高认识水平，树立正确的世界观和人生观。应很好地认识理想和现实的矛盾，承认它，接受它，因为在人的一生中挫折和冲突是无法回避的。

　　第二，以优秀人物为榜样，树立远大志向。以身处逆境而奋斗不息的成功人士为榜样，以此激励自己。

　　第三，保持乐观的生活态度。乐观是保持情绪健康的金钥匙，也是坚持与困难作斗争的最好武器。

　　第四，培养坚强的意志和良好的心理素质。个人的欲求是否能获得满足，有时是不以人的意志为转移的，因此要养成对欲求不能被满足的耐性，这样即便在现实与理想发生冲突时也能保持健康的心理。

为什么我总摆脱不了她的影子？

老师：

您好！

　　我觉得我的精神非常过敏，很多小事都会引起我的联想，甚至还有些事说起来真是莫名其妙，根本就不是出自于我的思想，因此我十分痛苦。接下来我就向您说一件最令我困惑难过的事。大概在一年多前，也就是初三下学期，在中考前的模拟考试中，我发挥不错考了第6名，只是一门政治欠佳，考了57分。然后我清清楚楚地记得那是在2006年5月17日的上午，政治老师帮我讲错的题，我当时是一个人坐的，她就坐在我旁边，也就是长凳的另一端帮我讲。我当时只觉得有一种莫名其妙的浑身不自在，我曾经一直用手撑着头撑了十几分钟，怕她看出我有什么不自在。下课了，她走了，我暗暗高兴，终于没让她看出我的异样。接下来到下午第四节课一直很好，可是到了自习课，我在做作业时突然想到上午的事，我有一个奇怪的念头："我会不会喜欢她？"接着又想起了浑身不自在的情况，就觉得头一沉，好像真是那样。当天晚上我真的是强忍住了内心的不安，没让父母知道。接下来的十多天非常糟，整天回荡着这个想法，让我感到绝望、无力自拔。到了6月初，竟然变成了见谁爱谁。我清清楚楚地记得那天我带了一本全是足球彩图的书到学校，当时几个同学看了之后，指着其中的球员高峰道："这是不是那英的男友？"我回答"是"。此刻我又莫名其妙地好像是喜欢上那英了。这样又过了几天，真正成了见谁爱谁，接下来不管见到谁都有一种莫名其妙的暗示：我喜欢她。有些从来就不认识，还有些是以前根本不喜欢的。这些使我莫名其妙，但好像是让我清醒了一点，当时我总想会过去的，一切都是假的，就这样考试前几天反而心情好了许多，中考时我发挥出色进了重点高中。假期的那段时间心情比较好，再也没有想起这些事。

　　开学初，经过一段时间也很快适应了高中生活，没有发生以前的事。可到了10月末的那几天，突然又莫名其妙地梦见了那个政治老师，而且还遗精了。过了几天就又淡忘了。可是到了11月末的时候又发生了类似的事情，同样过了几天又好了。接下来是期末考试，领成绩单，一切正常。这次期末考试成绩还可以，领完成绩单，回到家看电视时，突然又莫名其妙地想起了她。这次再也不能摆脱我心中的阴影，不管用怎样的心理暗示也无法摆脱，到现在已经两个多月了。为此我很痛苦，近来胸闷，浑身没力气。其实我对这个老师一点好感也没有，以前我也曾喜欢过别的女孩子，但都没有发生过类似的事情。我也知道我这个年龄喜欢一个人是很正常的事，但"她"确实不是我真正的偶像，为此我很压抑，我的心事无人能理解，真希望您能帮助我。

无名

心理点评

从来信中可以看出，作者被青春期的性意识所困扰。青春期由于生理成熟直接或间接地影响到青春初期学生的心理，这种由性成熟引起的心理变化是青春期的重要心理特征。由于缺乏必要的青春期性教育，有的学生对于青春期出现的对异性的关注或与性有关的想法常常有罪恶感，以致影响了学习和生活。来信中，作者由于和政治老师在一起萌发了与性有关的意识，这给他的心理带来了很大的震撼，使他既感到羞愧，又有些惊慌失措，但同时也留下了深刻的印象，以至于以后每当学习轻松的时候即会出现她的影子。

如何正确对待此类现象？

一、接受正确的青春期性生理、心理教育，减少紧张和羞愧感。可以读一些正规出版社出版的青春期知识教育方面的书籍，不接触不健康的书籍。

二、及时转移由此带来的不良情绪。积极参加各种新颖有趣的活动，尝试一些新的社交方式，为学习、生活制定一个新的目标等等，将注意力转移到别的活动中去。

三、树立远大的理想，培养高尚的情操。虽然青春期的性意识是正常现象，但不要因此而放松对自我的要求，应树立远大的理想和抱负，不断充实自己和完善自己。